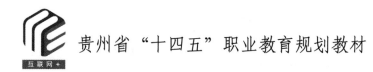

贵州省“十四五”职业教育规划教材

面向对象程序设计项目教程

（C#版）（第二版）

主　编　莫明艳　钟龙怀　徐　向
副主编　金培英　周　靖　叶　翔
参　编　王海军　梁日荣　徐　亮
　　　　熊武林　朱彩虹　赵　洁
　　　　任云静　吴　翔
主　审　陈　华　刘忠翔

科学出版社
北　京

内 容 简 介

本书的编写面向计算机程序员、系统运维员的岗位需求，以“C#面向对象程序设计”课程教学为中心，对接技能大赛和1+X Web前端开发职业技能等级证书（中级）要求，以ATM系统开发为载体，采用项目化、案例化的编写思路，共设计12个项目，内容涵盖C#语言基本语法、控制语句、数组、方法、类、对象、泛型集合、程序调试异常处理等知识，以及ATM系统原始需求说明书的编写、系统菜单展示、登录功能、账户管理、余额查询、取款、员工信息存储等工程项目应用，注重思政元素融入和信息化资源配套，体现“岗课赛证”融通。

本书适合作为职业院校C#编程课程的教材，同时也适合作为自学C#语言程序设计的编程爱好者的参考书。

图书在版编目（CIP）数据

面向对象程序设计项目教程：C#版/莫明艳，钟龙怀，徐向主编．—2版．—北京：科学出版社，2025.3

贵州省“十四五”职业教育规划教材

ISBN 978-7-03-077495-8

Ⅰ．①面…　Ⅱ．①莫…　②钟…　③徐…　Ⅲ．①C语言-程序设计-高等职业教育-教材　Ⅳ．①TP312.8

中国国家版本馆CIP数据核字（2023）第253136号

责任编辑：张振华 / 责任校对：赵丽杰

责任印制：吕春珉 / 封面设计：东方人华平面设计部

科学出版社出版

北京东黄城根北街16号

邮政编码：100717

http://www.sciencep.com

三河市中晟雅豪印务有限公司印刷

科学出版社发行　　各地新华书店经销

*

2020年4月第　一　版　　开本：787×1092　1/16

2025年3月第　二　版　　印张：16 3/4

2025年3月第六次印刷　　字数：390 000

定价：59.00元

（如有印装质量问题，我社负责调换）

销售部电话　010-62136230　编辑部电话　010-62135120-2005

前　言

教育是国之大计、党之大计。教育、科技、人才是全面建设社会主义现代化国家的基础性、战略性支撑。党的二十大报告指出:“加快建设国家战略人才力量，努力培养造就更多大师、战略科学家、一流科技领军人才和创新团队、青年科技人才、卓越工程师、大国工匠、高技能人才。”

本书的编写贯彻落实党的二十大报告精神和《职业院校教材管理办法》《高等学校课程思政建设指导纲要》《“十四五”职业教育规划教材建设实施方案》等相关文件要求，紧紧围绕“培养什么人、怎样培养人、为谁培养人”这一教育的根本问题，以落实立德树人为根本任务，以学生综合职业能力培养为中心，以培养卓越工程师、大国工匠、高技能人才为目标。与同类图书相比，本书的体例更加合理和统一，概念阐述更加严谨和科学，内容重点更加突出，文字表达更加简明易懂，工程案例和思政元素更加丰富，配套资源更加完善。具体而言，本书主要具有以下几个方面的突出特点。

1. 校企“双元”联合编写，行业特色鲜明

本书是在行业专家、企业专家和课程开发专家的指导下，由校企“双元”联合编写的。编者均来自教学或企业一线，具有多年的教学、大赛或实践经验。在本书的编写过程中，编者能紧扣该专业的培养目标，遵循教育教学规律和技术技能人才培养规律，将面向对象程序设计的新理论、新标准、新规范融入教材，符合当前企业对人才综合素质的要求。

2. 项目引领、任务驱动，强调“工学结合”

本书采用微软公司的C#语言，结合 Visual Studio 2022 开发环境，基于“项目引领、任务驱动”的编写理念，以真实开发项目、典型工作任务、案例等为载体组织教学内容，共安排了初识 C#语言、ATM 系统输入输出模块、ATM 系统登录模块等 12 个项目，体现了由易到难、循序渐进的教学原则，能够满足项目学习、案例学习等不同教学方式的要求。

3. 体现“书证”融通、“岗课赛证”融通

本书的编写基于技术技能人才成长规律和学生认知特点，以计算机程序员、系统运维员的岗位需求为导向，以“C#面向对象程序设计”课程为中心，将职业院校技能大赛的内容、要求融入课程教学内容、课程评价，注重对接 1+X Web 前端开发职业技能等级证书（中级）要求，将岗位、课程、竞赛、职业技能等级证书和教法等进行系统融合。

4. 融入思政元素，落实课程思政、专业思政

为落实立德树人的根本任务，充分发挥教材承载的思政教育功能，本书凝练思政要素，融入以人为本的设计理念，将规范意识、创新意识、职业素养、工匠精神的培养与教学内容相结合，可潜移默化地提升学生的思想政治素养。

5. 立体化资源配套，便于实施信息化教学

本书的参考学时为64学时，使用时可根据需要进行取舍。为了方便教师教学和学生自主学习，本书配套教学资源包（含教案、操作视频、课件等），下载地址为www.abook.cn。书中穿插有丰富的二维码资源，通过手机等终端设备扫描后，可观看微课视频。

本书由贵州装备制造职业学院、中国移动通信集团贵州有限公司、东软教育科技集团有限公司联合编写。贵州装备制造职业学院莫明艳、钟龙怀、徐向担任主编；贵州装备制造职业学院金培英、周靖、叶翔担任副主编；贵州装备制造职业学院王海军、梁日荣、徐亮、熊武林、朱彩虹、赵洁，中国移动通信集团贵州有限公司任云静，东软教育科技集团有限公司吴翔参与编写。贵州装备制造职业学院陈华、刘忠翔对全书内容进行审定。

中国移动通信集团贵州有限公司、东软教育科技集团有限公司提供全程技术指导与案例支持，在此表示感谢。

由于编者水平有限，书中不足之处在所难免，欢迎广大读者批评和提出建议。

编　者

2023年2月

于贵州装备制造职业学院

目　　录

项目 1 初识 C#语言

项目导读

C#是微软公司专门为.NET 的应用而开发的编程语言。C#继承了 C 语言的语法风格，同时又继承了 C++语言的面向对象特性。C#可以使熟悉 C++语言的程序员高效地开发 C#程序，而绝不损失 C/C++语言原有的强大功能。因为这种继承关系，C#与 C/C++具有极大的相似性，熟悉类似语言的开发者可以很快地转向 C#。

视频：初识 C#语言

本项目主要介绍程序设计语言的基本概念、.NET 的集成开发环境与发展历史、C#的创建与运行及 C#程序的结构组成。

学习目标

- 理解程序设计语言的基本概念。
- 了解.NET 的发展历史。
- 掌握 C#程序的结构组成。
- 能规范编写 ATM 系统的原始需求说明书。
- 树立正确的学习观，培养职业认同感、责任感。

1.1 程序设计语言

1.1.1 程序与指令

日常生活中，我们时常利用计算机来听歌、看电影、玩游戏、查阅资料等，以丰富我们的生活。计算机虽然能帮我们做很多事情，但是它仅是一台机器，当希望它为我们做一些事情的时候，计算机本身并不能主动地为我们工作。因此，必须对它下达命令，命令它为我们做事。这个命令称为“指令”。例如，敲击一个按键、单击一下鼠标，其实都是在向计算机发送指令。通常所说的“程序”一词，其实就是指令的集合。

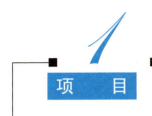

通常情况下，使用的应用程序分为两种，即 C/S（client/server，客户端/服务器）应用程序和 B/S（browser/server，浏览器/服务器）应用程序。在 C/S 模式下，需要每一个客户机安装单独的客户端软件，如使用的 Word 软件、QQ 等。在 B/S 模式下，需要借助 IE 等浏览器来运行程序，如登录的一些网站。

1.1.2 计算机语言

为了编写程序，人们设计了几百种程序语言，这些语言按阶段分为机器语言、汇编语言和高级语言。

1. 机器语言

大家知道，计算机能理解的语言只能是由 0 和 1 组成的二进制数。我们可以直接向计算机发送一串二进制数据来命令计算机工作，与计算机进行语言交流，指示它做哪些事情。所以，机器语言不仅执行速度快，占存储空间小，而且容易编制出高质量的程序。但由于程序是用 0 和 1 表示的二进制代码，所以直接用机器语言编程不是一件容易的事，不仅程序的编写、修改、调试难度较大，而且程序的编写与机器硬件结构有关，极大地限制了计算机的使用，编程也成了高级专业人员才能胜任的工作。

2. 汇编语言

为了更容易地编写程序和提高机器的使用效率，人们在机器语言的基础上研制出了汇编语言。汇编语言用一些约定的文字、符号和数字按规定格式来表示各种不同的指令，然后用这些特殊符号表示的指令来编写程序。该语言中的每一条语句都对应一条相应的机器指令，用助记符代替操作码，用地址符代替地址码。正是这种替代，有利于机器语言实现“符号化”，所以又把汇编语言称为符号语言。汇编语言程序比机器语言程序易阅读、查询、修改。同时，又保持了机器语言编程质量高、执行速度快、占存储空间小的优点。不过，在编制比较复杂的程序时，汇编语言还存在着明显的局限性。这是因为机器语言与汇编语言均属于低级语言，即都是面向机器的语言，只是前者用指令代码编写程序，后者用符号语言编写程序。由于低级语言的使用依赖于具体的机型，即与具体机型的硬件结构有关，所以不具有通用性和可移植性。通常人们把机器语言和汇编语言分别称为第一代语言和第二代语言。当用户使用这类语言编程时，需要花费很多的时间去熟悉硬件系统。

3. 高级语言

为了进一步实现程序自动化和便于程序交流，使不熟悉计算机的人也能方便地使用计算机，人们又创造了高级语言，它是与计算机结构无关的程序设计语言。由于高级语言利用了一些数学符号及有关规则，比较接近数学语言，所以又被称为算法语言，如 C、C#、Java 等。

高级语言是 20 世纪 50 年代中期发展起来的。高级语言中的语句一般采用自然语言，并且使用与自然语言语法相近的自封闭语法体系，这使程序更容易阅读和理解。与低级语言相比，高级语言的最显著特点是程序语句面向问题而不是面向机器，即独立于具体的机器系统，因此使对问题及其求解的表述比汇编语言容易得多，并大大地简化了程序的编制和调试，使程序的通用性、可移植性和编制程序的效率得以大幅度提高，从而使不熟悉具体机型情况的人也能方便地使用计算机。并且，高级语言的语句功能强，一条语句往往相当于多条指令。因此，在现代计算机中一般已不再直接使用机器语言或汇编语言来编写程序。

那么计算机如何理解我们的“高级语言”呢？这就需要提供一个专门负责转换的编译程序，专门告诉计算机我们的命令对应着什么样的 1/0 字符串。可想而知，高级语言比低级语言更容易理解且更容易学习。但是显然，它比低级语言在执行效率上要低一些。

1.2 .NET 集成开发环境

“工欲善其事，必先利其器”，各种工具在程序开发中的地位都显得很重要。在现在的软件开发过程中，编码所占的比重越来越少，之所以会出现这种情况：一是经过多年的积累，可复用的资源越来越多；二是开发工具的功能、易用等方面发展很快，编码速度产生了飞跃。

.NET 的开发工具可以分为文本编辑器、Web 开发工具和集成开发工具三大类。

1. 文本编辑器

文本编辑器只提供了文本编辑功能，它只是一种类似记事本的工具。这类工具可以进行多种编程语言的开发，如 C#、C++、C 等。

2. Web 开发工具

Web 开发工具提供了 Web 页面的编辑功能，具体到.NET 主要就是 ASP.NET 页面的开发。

3. 集成开发工具

Microsoft Visual Studio 是 VS 的全称。VS 是美国微软公司的开发工具包系列产品。VS 是一个基本完整的开发工具集，它包括整个软件生命周期中所需要的大部分工具，如 UML 工具、代码管控工具、集成开发环境等。所写的目标代码适用于微软公司支持的所有平台，包括 Microsoft Windows、Windows Mobile、Windows CE、.NET Framework、.NET Core、.NET Compact Framework 和 Microsoft Silverlight 及 Windows Phone。

1.3 .NET 发展历史

VS 是目前 Windows 平台上流行的应用程序集成开发环境。1997 年，微软公司发布了 Visual Studio 97，包含面向 Windows 开发使用的 Visual Basic 5.0、Visual C++ 5.0，面向 C#

开发的 Visual J++和面向数据库开发的 Visual FoxPro，还包含创建 DHTML（dynamic hypertext mark language，动态超文本标记语言）所需要的 Visual InterDev。其中，Visual Basic 和 Visual FoxPro 使用单独的开发环境，其他的开发语言使用统一的开发环境。

1998 年，微软公司发布了 Visual Studio 6.0。所有开发语言的开发环境版本均升至 6.0。这也是 Visual Basic 最后一次发布，从下一个版本（7.0）开始，Microsoft Basic 进化成了一种新的面向对象的语言——Microsoft Basic .NET 2002。由于微软公司对 Sun 公司（现已被 Oracle 公司收购）的 C#语言的扩充导致与 C#虚拟机不兼容而被 Sun 公司告上法庭，微软公司在后续的 Visual Studio 中不再包括面向 C#虚拟机的开发环境。

2002 年，随着.NET 口号的提出与 Windows XP/Office XP 的发布，微软公司发布了 Visual Studio .NET（内部版本号为 7.0）。在这个版本的 Visual Studio 中，微软公司剥离了 Visual FoxPro，并使其作为一个开发环境以 Visual FoxPro 7.0 单独销售，同时取消了 Visual InterDev。与此同时，微软公司引入了建立在.NET 框架上（版本 1.0）的托管代码机制及一门新的语言——C#。C#是一门建立在 C++和 C 基础上的高级语言，是编写.NET 框架的语言。

.NET 的公共语言运行时（common language runtime，CLR）的作用是在同一个项目中支持不同的语言所开发的组件。所有 CLR 支持的代码都会被解释为 CLR 可执行的机器代码，然后运行。2003 年，微软公司对 Visual Studio 2002 进行了部分修订，并以 Visual Studio 2003 的名义发布（内部版本号为 7.1）。Visio 作为使用统一建模语言（unified modeling language，UML）架构应用程序框架的程序被引入，被引入的还包括移动设备支持和企业模板，同时.NET 框架也升级到了 1.1。2005 年，微软公司发布了 Visual Studio 2005，这个版本的 Visual Studio 仍然还是面向.NET 框架的（版本 2.0）。这个版本的 Visual Studio 包含众多版本，分别面向不同的开发角色，同时还永久提供免费的 Visual Studio Express 版本。2007 年 11 月，微软公司发布了 Visual Studio 2008。2010 年 4 月 12 日，微软公司发布了 Visual Studio 2010 及.NET Framework 4.0，目前 VS 更新版本到 Visual Studio 2022，这也是本书使用的软件版本。

Visual Studio 2022 是由微软公司全新制作出品的开发编程制作工具，该软件的功能十分强大，如重构功能、导航功能、负载解决方案、编译效果及调试器等功能，这些功能可以让程序员在工作时减少一系列不必要的错误，从而提升自己的工作效率。此外，它还内置了对 Git 版本控制的支持，用户可以轻松复制、创建和打开自己的存储库，其中 Git 工具窗口包含提交和推送代码更改、管理分支和解决合并冲突所需的一切内容。如果有 GitHub 账户，就能够直接在软件中管理这些存储库。在这里，无论是支持的使用方案、开发平台、集成开发环境、高级调试与诊断工具，还是测试工具、跨平台开发及协作工具都是最全面的，并且还能够适用于 Android、iOS、macOS、Windows、Web 和云的应用开发，能够更快地进行代码编写。

除此之外，新版的 Visual Studio 2022 添加了许多功能，并进行了全面优化。其采用了新的.NET 框架 WPF XAML 设计器，意味着加强了整个软件的兼容性，也可以更好地支持新扩展模型。同时还对 C++工作负载进行了全面支持，意味着能够自动检测用户的代码输入，并且还可以做到准确补全代码；新的语言特性还简化了代码库的管理流程，从而可全面地提高工作效率，也加快了用户项目的进度，这使程序员编写代码、开发软件的效率和速度得到了明显的提升。

1.4 第一个 C#程序

1.4.1 创建项目

创建项目的操作步骤如下。

1）打开 Microsoft Visual Studio 2022 软件，如图 1-1 所示。

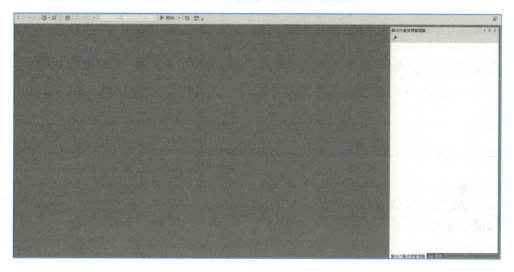

图 1-1　Microsoft Visual Studio 2022 软件

2）选择“文件”→“新建”→“项目”选项，如图 1-2 所示。

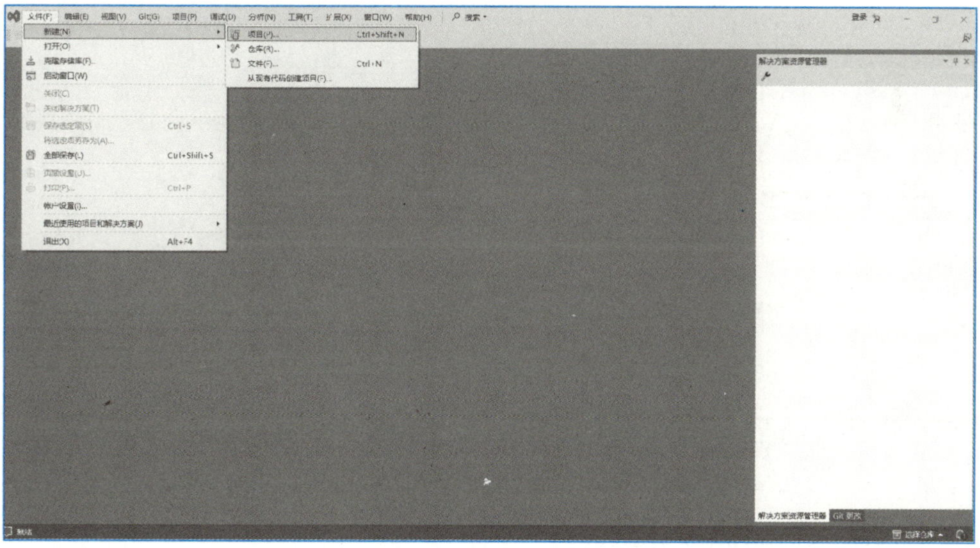

图 1-2　新建项目

3）在打开的“创建新项目”对话框中选择“控制台应用（.Net Framework）”选项，如图 1-3 所示，然后单击“下一步”按钮。

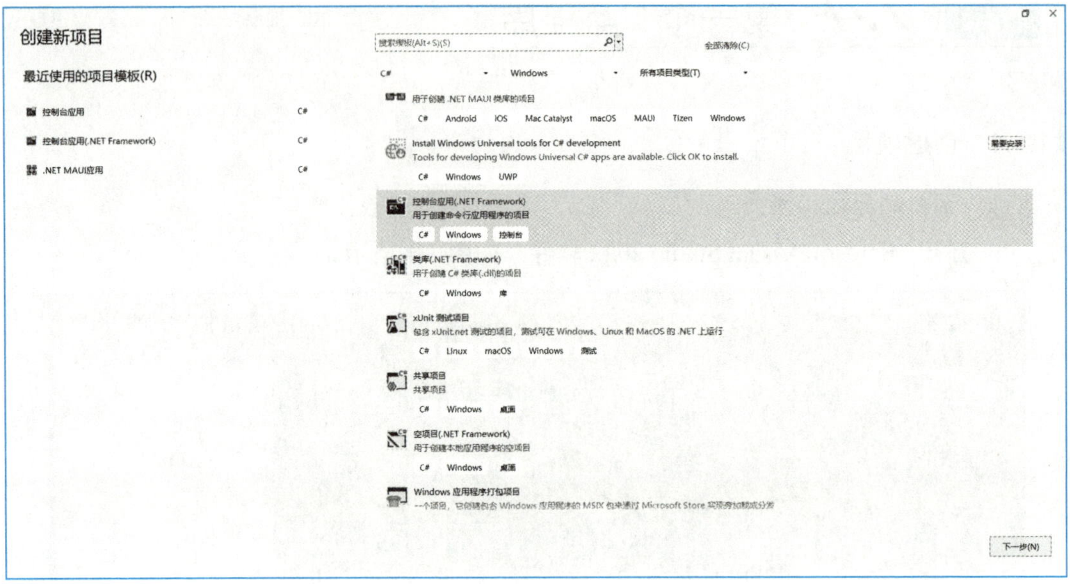

图 1-3　选择控制台应用程序

4）在打开的“配置新项目”对话框中设置项目名称、位置、解决方案、解决方案名称等，如图 1-4 所示，然后单击“创建”按钮。

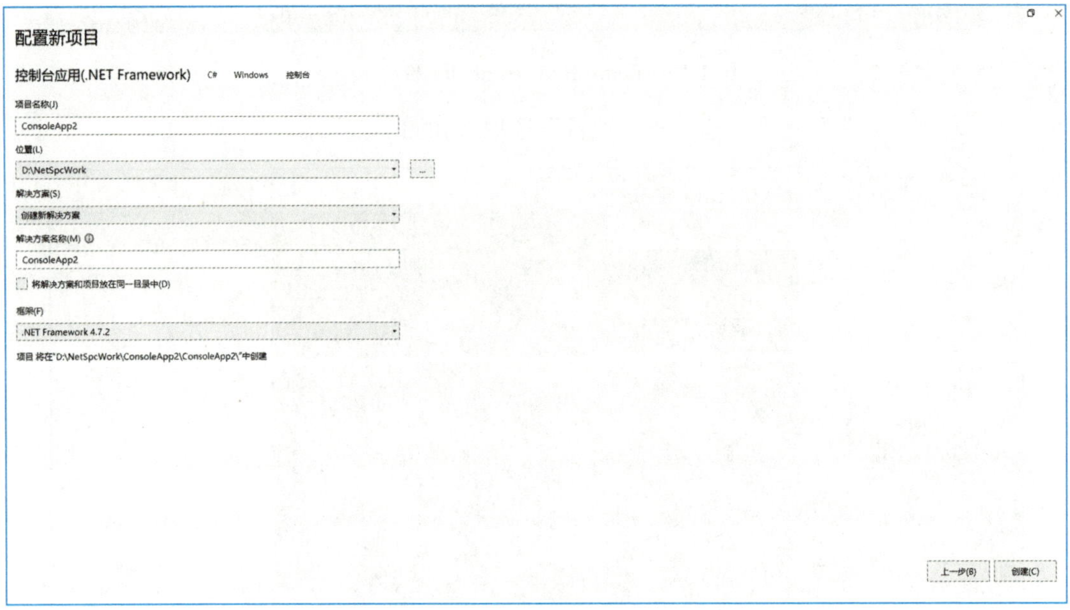

图 1-4　配置新项目

创建完成的项目如图 1-5 所示。

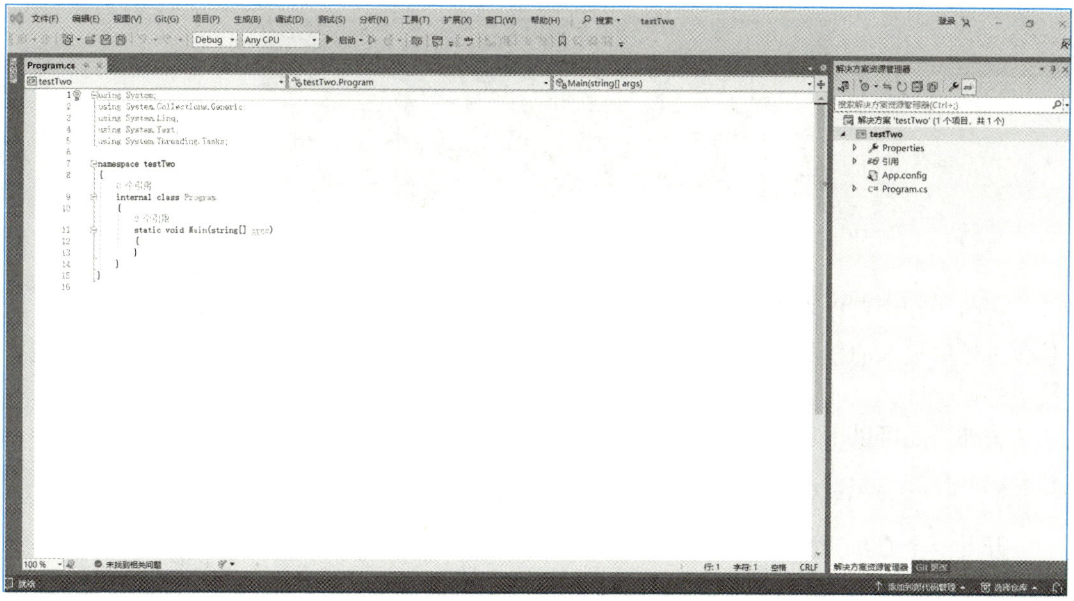

图 1-5　创建完成的项目

1.4.2　编写代码

编写的代码如下。

```
using System;
namespace HelloWorldApplication
{
    /* 类名为 HelloWorld */
    class HelloWorld
    {
        /* Main 方法 */
        static void Main(string[] args)
        {
            /* 我的第一个 C# 程序 */
            Console.WriteLine("Hello World!");
            Console.ReadKey();
        }
    }
}
```

至此，代码编辑完成，按 Ctrl+S 组合键保存后，即可运行这段代码。

1.4.3　编译运行

单击工具栏中的下拉按钮，在弹出的下拉列表中选择“运行”选项，运行这个 C#程序，验证结果，如图 1-6 所示。

图 1-6　控制台中输出的结果

从图 1-6 中可以看出，Console.WriteLine("...")语句的功能是将内容输出到控制台中，且在引号中输入的任何字符串，在程序运行时都被输出到控制台中。读者可以输入其他字符串进行验证。

另外，还可以用加号把多个字符连起来进行输出，如以下语句输出为“你 好!!!”。

```
Console.WriteLine("你"+" "+"好"+"!!!");
```

开发一个 C#应用程序并编译运行的操作步骤如下。

1）使用 C#语言编写应用程序代码。

2）把 C#源程序编译为微软中间语言，以程序集的形式存在，CPU（central processing unit，中央处理器）不执行程序集，如图 1-7 所示。

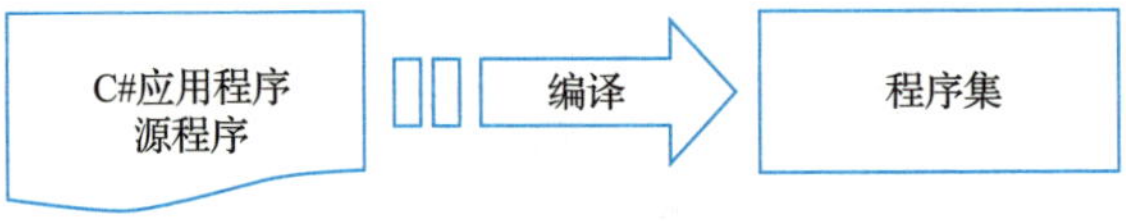

图 1-7　C#源程序编译为程序集

3）在执行代码时，必须使用 JIT 编译器将程序集编译为本机代码，如图 1-8 所示。

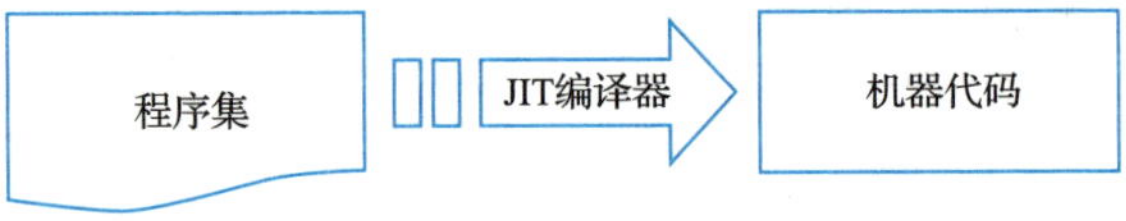

图 1-8　将程序集编译为机器代码

4）在托管的公共语言运行时环境下运行机器代码，程序运行结果才会显示出来，如图 1-9 所示。

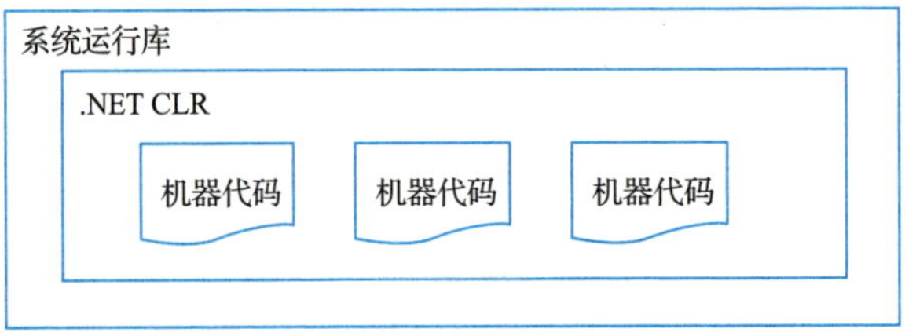

图 1-9　运行机器代码并显示结果

1.5 C#程序的结构组成

1. 类

在 C#中，程序都是以类的方式组织的，C#源文件都保存在以.cs 为扩展名的文件中。类的语法格式如下。

```
public class Hello{}
public class Student{}
```

class 是一个关键字，用于定义一个类，而 public 代表这个类是公有的；整个类的定义，包括所有成员，都在一对大括号之间，使用“{”和“}”分别表示类定义的开始和结束。

要保证源文件名与程序类名相同，其扩展名为.cs。例如，在 1.4 节的示例中，类名为 HelloWorld，那么源文件名也应该为 HelloWorld.cs，而不能是 helloWorld.c#。

通常情况下，类名应该由字母开始，且首字母大写。

2. 方法

我们知道，每个可运行的 C#程序都是一个字节码文件，保存在.cs 文件中。该文件由.c#文件编译而来，其内包含若干个类，作为一个 C#应用程序，类中必须包含主要的执行方法，即把要做的事（方法）放入类中的大括号内；程序的执行是从一个称为 Main 的方法（即主方法）开始的，Main 方法的方法头的格式是确定不变的，如下。

```
public static void Main(string[] args){}
```

这里也需要注意大小写的区别，C#语言是区分大小写的。

3. 语句

```
Console.WriteLine("Hello,World!");
```

上述语句用于在控制台中输出一行“Hello, World!”信息，语句是构成方法的基本单元，一个方法中可以包含多条语句，每条语句最后以分号结束。

可以使用 Console.WriteLine 方法向控制台中输出字符串，要输出的内容须处于一对英文格式的引号（""）之间。

4. 注释

C#程序中可以包含注释，以便向阅读程序的人提供说明信息。注释可以用来说明程序的功能、描述算法、说明方法和变量的含义，以及对关键代码做出说明，在程序中加入注释是一个好的编程习惯，可以增强程序的可读性。C#编译器将忽略注释行，不做任何处理。

C#中的注释分为多行注释、单行注释和文档注释 3 种。多行注释以“/*”开始，以“*/”结束，在中间书写注释的内容，注释可以跨多行也可以只有一行。单行注释以“//”开始，在后面书写注释，注释内容在行末尾结束，只能占一行不能跨多行。

1.6 项目实战：编写 ATM 系统的原始需求说明书

任务描述

对自动取款机（automated teller machine，ATM）系统进行需求分析，并编写 ATM 系统的原始需求说明书。

任务分析

1）ATM 系统是用于自动完成各种金融交易和服务的设备，如存款、取款、转账、修改密码、查询余额、打印交易凭证等。

2）ATM 系统包括硬件设备和软件系统两个主要部分。硬件设备包括屏幕、键盘、打印机、读卡器等；软件系统则负责处理用户的操作指令，与金融数据库进行交互，并生成相应的交易记录。

任务实施

总结系统功能划分、系统功能描述、性能需求，并绘制系统使用示意图。

1. 系统功能划分

ATM 系统包含三大模块功能：现金服务、账户服务、其他服务。

1）现金服务主要包含存款、取款、转账等功能。

2）账户服务主要包含登录、退出、修改密码等功能。

3）其他服务主要包含查询余额、打印回执单等功能。

2. 系统功能描述

1）ATM 可以判断磁卡的类别，如果不是有效的磁卡，则退卡。

2）查询自己的账户时应显示自己的余额和可取款的金额，并显示 ATM 能取款的钱币面值，让用户可以做出正确的选择。

3）提取现金时提示用户输入取款金额并判断输入是否正确。如果错误，则提醒用户并要求其重新操作；如果正确，则提醒用户收取现金。

4）转账汇款时让用户选择转账类型，要求用户输入转账账号并要求用户输入两次，以确保用户没有输入错误，在两次都输入正确的情况下，让用户输入转账的金额，并进行最后的确认。

5）进入修改密码界面后提醒用户输入新密码，并要求再次输入以确保密码统一无误，在确认后完成修改操作，并提醒用户新密码生效。

6）在用户操作错误或操作延时时做出有效的处理。

3. 性能需求

1）用户在使用该系统取款时，要在取款机的界面上输入 100 的倍数。
2）要求用户一次取款金额不能超过 3000 元。
3）要求用户一天取款金额不能超过 20000 元。
4）要求用户存款时系统只支持金额面值 100 元。
5）要求用户连续输入密码次数不能超过 3 次。
6）使用数组存储用户的账户信息，包含卡号、密码等信息。
7）使用数组存储用户的交易记录。

4. 系统使用示意图

ATM 系统使用示意图如图 1-10～图 1-12 所示。

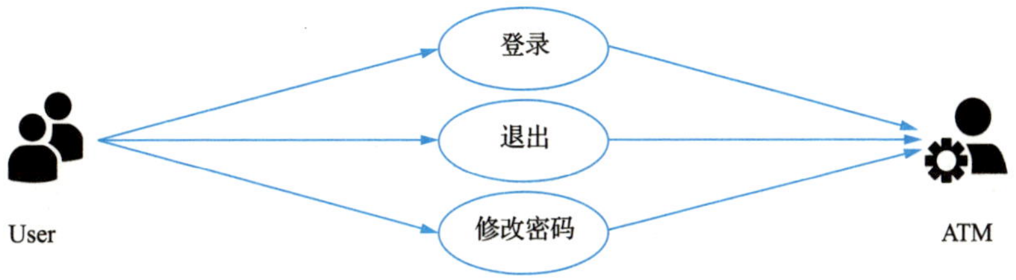

图 1-10　用户账户服务

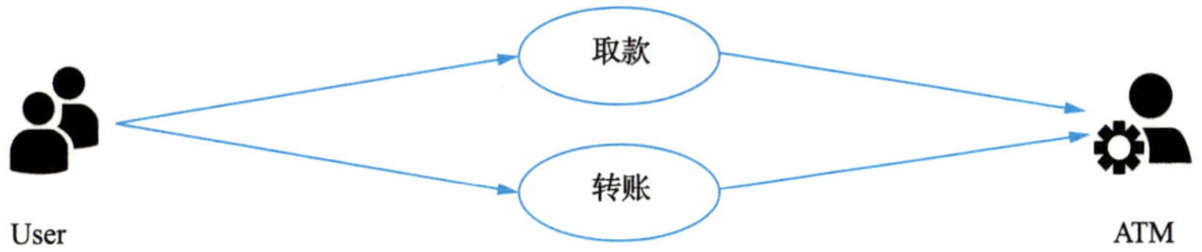

图 1-11　用户现金服务

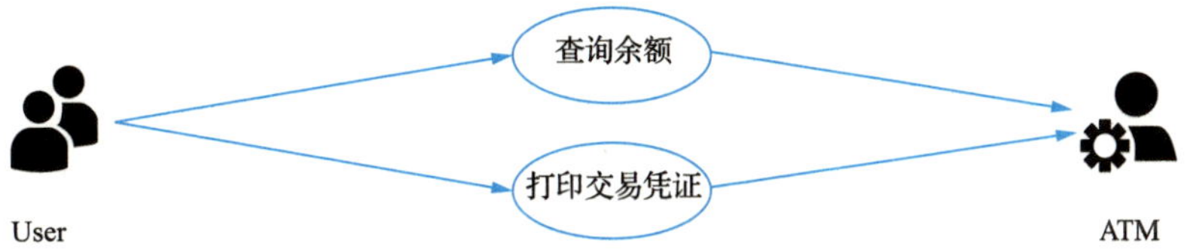

图 1-12　用户其他服务

项 目 自 测

一、判断题

1. 在 C#语言中，注释有两种方法：使用“//”符号和使用“/*”“*/”符号对。其中，

"//"只能进行单行注释。（ ）

2．使用 C#语言编写的代码编译后就可以直接运行。（ ）

3．C#是专为公共语言基础结构设计的。公共语言基础由可执行代码和运行时环境组成，允许在不同的计算机平台和体系结构上使用各种高级语言。（ ）

4．C#程序设计语言属于自然语言类型的编程语言。（ ）

5．C#的标识大小写没有区分，关键字也没有大小写区分。（ ）

6．C#应用程序可分为 C/S 和 B/S。（ ）

二、填空题

1．________是独立于 CPU 的指令集，它可以被高效地转换为特定于某种 CPU 的代码。

2．C#语句末尾必须使用________。

3．计算机语言按阶段分为________、________、________。

4．C#应用程序执行时，必须使用________将程序集编译为本机代码。

5．C#程序的结构组成有________、________、________、________。

项目 2 ATM 系统输入输出模块

项目导读

C#语言中两个最基本的元素是变量和数据类型。与所有的现代编程语言一样，C#语言支持多种数据类型——基本数据类型和引用数据类型。

本项目先介绍基本数据类型，引用数据类型将在后续项目中进行介绍。在本项目的学习过程中，我们首先要理解什么是常量、什么是变量，并通过学习标识符及数据类型来修饰常量与变量。因为变量包括很多类型，如整数与小数，所以先学习数据类型，再学习各种数据类型之间的转换。

视频：ATM 系统输入输出模块（一）

视频：ATM 系统输入输出模块（二）

视频：ATM 系统输入输出模块（三）

学习目标

- 掌握数据类型的分类和用法。
- 掌握变量和常量的概念和用法。
- 掌握表达式和运算符的分类和用法。
- 掌握输入输出语句的基本用法。
- 能通过编程实现 ATM 系统功能菜单展示和操作响应。
- 在编程过程中培养专注、细致、严谨、负责的工作态度。

2.1 变量与常量

在日常生活中，常用一些概念来存储经常变化的值。例如，提到身高，可以说身高等于 1.75m、1.90m 等；提到气温，可以说 30℃、−10℃等。对于身高、气温，它们能保存的数据在不同的环境下可能会发生变化，通常称为变量（variable）。但是对于一些概念，如圆周率、光速等，它们的值是恒定不变的，通常称为常量（constant）。

同样的道理，在程序中存在大量的数据来代表程序的状态。其中，有些数据在程序的运行过程中值会发生改变，通常称其为变量；有些数据在程序运行过程中值不能发生改变，通常称其为常量。

在实际的程序中，可以根据数据在程序运行中是否发生改变，来选择应该是使用变量表示还是使用常量表示。数据存储在内存的一块空间中，为了取得数据，必须知道这块内存空间的位置，然而若使用内存地址编号，则相当不方便，所以使用一个明确的名称来标识内存中的数据。

2.1.1 标识符

用来标识类名、变量名、方法名、类型名、数组名、文件名等的有效字符序列称为标识符，简单地说，标识符就是一个名称。

在 C#语言中，标识符的命名应遵循以下基本规则。

1）C#语言规定标识符由字母、下画线（_）和数字组成，并且第一个字符不能是数字。下列都是合法的标识符：numOfStudent、identifier、userName、User_Name、_sys_value、change1。不合法的标识符如 123、h+i、h i。

2）标识符中的字母是严格区分大小写的，如 Name 和 name 是不同的标识符。

3）标识符不能是 C#语言中的关键字。

4）标识符命名应做到见名知意，如用户名（userName）、长度（length）、求和（sum）等。

C#语言使用 Unicode 标准字符集，最多可以识别 65535 个字符，Unicode 字符表的前 128 个字符刚好是 ASCII 表。每个国家的“字母表”的字母都是 Unicode 表中的一个字符。例如，汉字中的“你”字就是 Unicode 表中的第 20320 个字符。

变量名称是该变量的标识符，需要符合标识符的命名规则。在实际使用中，该名称一般和变量的用途对应，这样便于程序的阅读，但是变量名称除上述的约束外，也不能为 C#语言中的关键字。

2.1.2 关键字

关键字就是 C#语言中已经被赋予特定意义的一些单词，不可以把这类词作为标识符来使用。C#语言中的关键字如下。

```
abstract    else        long        switch
boolean     extends     native      synchronized
break       final       new         this
byte        finally     null        throw
case        float       package     throws
catch       for         private     transient
char        goto*       protected   try
class       if          public      void
const*      implements  return      volatile
continue    import      short       while
default     instanceof  static      widefp
do          int         strictfp
```

```
    double        interface   super
```

*是目前未用的保留关键字。

上述内容介绍了什么是变量，以及怎样来标识变量。变量是一个数据存储空间的表示，将数据指定给变量，其实就是将数据存储至对应的内存空间，调用变量，就是将对应的内存空间的数据取出来供用户使用。

2.1.3　数据类型

在生活中，物品是有类别之分的，人们看到杯子，就能想到杯子能用来盛水；看到书包，就能想到里面是不是有一些书和笔；看到冰箱，人们会联想到里面放置的可能是可口的水果、饮料和蔬菜。也就是说，人们已经给各种各样的容器大致分了类别，这一方面会限制这些容器的功能、行为，另一方面也能起到物尽其用的作用，不会造成空间的浪费。假如没有这种分类，人们很难确定书包是不是盛水用的，也不知道冰箱里是不是躺着一头大象。C#作为一种简单的高级语言，很符合人们的日常思维，它对数据类型也进行了划分。

C#语言中的数据类型划分与其他高级语言很相似，分为简单数据类型（原始数据类型）和复合数据类型（又称引用数据类型）。简单数据类型为C#语言定义的数据类型，通常是用户不可修改的，它用来实现一些基本的数据类型；复合数据类型是用户根据自己的需要定义并实现其运算的类型，它是由简单数据类型及其运算复合而成的，本节先介绍简单数据类型，对于复合数据类型，将在后面的项目中逐步介绍。C#语言中的数据类型如图 2-1 所示。

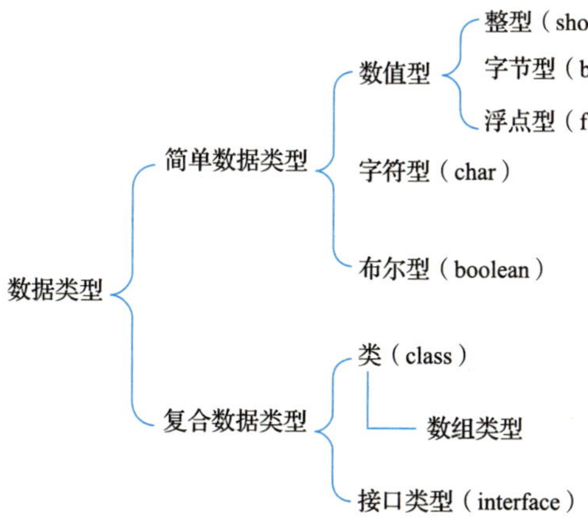

图 2-1　C#语言中的数据类型

1. 数值型

（1）整型

整型数据类型只存储整数数值，可细分为短整型（short，占 2 字节的内存）、整型（int，占 4 字节的内存）和长整型（long，占 8 字节的内存）。长整型所占的内存比整型所占的内存多，可表示的数值范围也就较大。同样地，整型可表示的整数数值范围也比短整型可表示的整数数值范围大。

（2）字节型

C#语言中有字节型（byte）数据类型，可专门存储字节型数据，如影像的字节型数据。一个字节型数据类型占 1 字节的内存，有必要的话，byte 数据类型也可以存储一定范围的整数数值。

（3）浮点型

浮点型数据类型主要用来存储小数数值，也可以用来存储范围更大的整数，它可分为单精度浮点型（float，占 4 字节的内存）和双精度浮点型（double，占 8 字节的内存）。双精度浮点型所使用的内存空间比单精度浮点型所使用的内存空间多，可表示的数值范围与精确度也比较大。需要注意的是，对于如 1.0、0.999 这样的数据，C#语言中默认都是双精度浮点型的，即 double 类型，它们的 float 类型为 1.0f、0.999f。

2. 字符型

C#语言中的字符采用 Unicode 编码，其中前 128 个字符编码与 ASCII 编码兼容。每个字符数据类型占 2 字节的内存，可存储的字符范围为\u0000～\uFFFF。由于 C#语言中的字符采用 Unicode 编码，所以一个中文文字与一个英文字母在 C#语言中同样都是用一个字符来表示的，如'a'、'好'、' '。

输出引号时，不能直接在 WriteLine 内写双引号，而是使用转义字符“\"”来表达，读者首先要明白为什么不能直接写；其次也要明白，“\"”代表一个字符，具有特殊的含义，转义字符用来表示一些不可显示的或有特殊意义的字符。常见的转义字符如表 2-1 所示。

表 2-1　常见的转义字符

功能	字符形式	功能	字符形式
回车	\r	单引号	\'
换行	\n	双引号	\"
水平制表	\t	反斜线	\\
退格	\b	换页	\f

3. 布尔型

布尔型（boolean）的数占 1 字节的内存，可存储 1（true）或 0（false），分别表示逻辑的真与假。

可以看到数值型占了 8 种简单数据类型中的 6 种，之所以分那么细，是为了表示数值的不同大小区间。数据类型所占的空间区域如表 2-2 所示。

表 2-2　数据类型所占的空间区域

数据类型	占用空间/字节	数值范围（e 表示科学记数法）
byte（字节型）	1	-128～127
short（短整型）	2	-32768～32767
int（整型）	4	-2147483648～2147483647

续表

数据类型	占用空间/字节	数值范围（e 表示科学记数法）
long（长整型）	8	-9223372036854775808～9223372036854775807
float（单精度浮点型）	4	1.401298e-45～3.402823e+38
double（双精度浮点型）	8	4.900000e-324～1.797693e+308

表 2-2 中，浮点型数据所取的是正数的范围，加上负号即为负数可表示的范围。

因为每种数据类型所占的内存大小不同，所以可以存储的数值范围也就不同。例如，整型（int）所占的内存空间是 4 字节，所以它可以存储的整数范围为-2147483648～2147483647（$\pm 2^{31}$）。如果存储值超出这个范围，则称为“溢出”（overflow），这会造成程序不可预期的结果。对于 C#语言提供的 8 种原始数据类型，根据数据表示范围的大小可以排列如下（不包括 boolean）：byte→short→char→int→long→float→double（范围为从小到大）。

在编程过程中，用户可根据要表达的数据的分类、大小等情况来选择合适的数据类型。比较常用的数据类型有 int、float、char、boolean 等。

2.2 程序中的变量和常量

2.2.1 变量的概念和作用

程序要对数据进行读、写、运算等操作，当需要保存特定的值或计算结果时，就需要用到变量。从用户角度来看变量就是存储数据的基本单元，从系统角度来看变量就是计算机内存中的一个存储空间。

在用户看来，变量是用来描述一条数据的名称，在变量中可以存储各种类型的数据，如人的姓名、车票的价格、文件的长度等。在计算机中，变量代表存储地址，变量的类型决定了存储在内存中的数据的类型。使用变量的一条重要的原则是：变量必须先定义后使用。

> **小贴士**
>
> 定义一个变量，就会在内存中开辟相应大小的空间，用来存储数据。

2.2.2 变量的定义

C#语言中，定义一个变量的语法格式如下。

```
访问修饰符 数据类型 变量名;
```

小贴士

在后面的项目 7 中将会介绍访问修饰符。

在声明变量时，数据类型可以是 C#语言中的任何一种数据类型，如前面学习到的那些数据类型。数据类型后面就是变量的名称，也就是变量名。当需要访问存储在变量中的数据时，只需要使用变量的名称就可以了。为变量命名时要遵守 C#语言的如下规定。

1）变量名必须以字母或下划线开头。

2）变量名只能由字母、数字和下划线组成，而不能包含空格、标点符号、运算符等其他符号。

3）变量名不能与 C#语言中的关键字名称相同，如 int、float、double 等。

4）变量名是区分大小写的。也就是说，abc 和 ABC 是两个不同的变量。

下面给出了一些合法和非法的变量名，如下。

```
int i;              //合法
int NO.1;           //不合法
string to_3;        //合法
float byte;         //不合法
```

尽管符合了上述要求的变量名就可以使用，但还是希望在给变量命名时，应给出具有描述性质的名称，这样写出来的程序更便于理解。例如，一个人的年龄可以用 age 作为变量名，而 e90PT 就不是一个好的变量名。

2.2.3 变量的赋值

定义了变量以后，当然会向其中存储数据，也就是给变量赋值。其语法格式如下。

```
int age;
age = 18;
```

“=”号称为赋值运算符，会把右侧的数值或计算的结果存储到左侧的变量中。当然，赋值语句非常灵活，可以在定义变量的同时赋值，也可以同时定义多个变量并且同时赋值。例如：

```
int age = 18;
int a = 18, b = 20, c;
```

2.2.4 常量

常量，顾名思义，就是其值在使用过程中固定不变的量。定义一个常量的语法格式如下。

```
const 数据类型 常量名称 = 常量值;
```

可以发现，在声明和初始化变量时，在变量的前面加上关键字 const，就可以把该变量指定为一个常量。常量具有以下特征。

1）常量必须在声明时初始化，并且指定了值后，就不能再修改了。

2）常量的值不能用一个变量中的值来初始化。

也就是说，下面这段代码是不能通过编译的。

```
int i = 64;
const int a = i;
```

2.3 运算符与表达式

在数学中，如果有两个数 a 和 b，它们求和的式子为 a+b，作差的式子为 a−b，在程序语言中，这样的式子称为“表达式”，即表达一定结果的式子。表达式必须要有一个结果，结果可以是一个数字，也可以是真或假。类似的表达式还有 a+1+2（表达求和）、a>3（表达真假）、a%b（表达取余）、(a/b)+(a−3)（表达式内嵌表达式）等。

表达式中使用的符号称为运算符，这些运算符操作的变量或常量称为操作数。例如，在表达式 a+b 中，“+”为算术运算符，a 和 b 都是操作数。在复杂的表达式中，操作数本身可能就是一个表达式。例如，(a/b)+(a−3)，其中的(a/b)和(a−3)本身就是一个表达式。

根据运算需求的不同，使用不同的运算符号组成丰富的表达式。C#语言提供了一批功能强大的运算符，本节只对常见的运算符进行介绍。常见的运算符有赋值运算符、算术运算符、关系运算符、逻辑运算符、条件运算符（三元运算符）。

2.3.1　赋值运算符与赋值表达式

在所有运算符中，最简单的就是赋值运算符。它的语法格式如下。

```
variable = expression;
```

运算符中的 variable 可以是任何有效的标识符，expression 是常量、变量或表达式。赋值运算符将右侧的值赋给左侧的变量，这样的式子称为赋值表达式。例如：

```
float bookPrice;
bookPrice = 23.5f;
```

要注意的是，这里的“=”和数学含义的“等于”并不一样，这里并不是要判断等号左侧与右侧的值是不是相等，而是要把 23.5f 这个值放入 bookPrice 这个变量名称所对应的内存空间中，是一个交付的过程。另外，在数学中，可能会这么写：

```
a = 1
a = b
1 = b
a + 1 = b
```

上述 4 条语句在数学中都没有任何问题，但是第三种写法（1=b）和第四种写法（a+1=b）在程序中是行不通的。“=”是一种运算符号，有自身的规律特点，不可能把一个变量 b 的值赋给一个永远不会变化的常量 1，也不能把一个值赋给一个没有存储空间的表达式。

2.3.2 算术运算符与算术表达式

C#语言中的算术运算符除了常规的用于计算的加、减、乘、除，还增加了几个新成员。表 2-3 列出了 C#语言中的各种算术运算符。

表 2-3 算术运算符

算术运算符	描述	表达式
+	执行加法运算	a+b
-	执行减法运算	a-b
*	执行乘法运算	a*b
/	执行除法运算得到商	a/b
%	执行除法运算得到余数	a%b
++	将操作数自加 1	a++或++a
--	将操作数自减 1	a--或--a

1. 一元运算符

一元运算符是指只处理一个操作数的运算符。在算术运算符中，++（自增运算符）和--（自减运算符）为一元运算符。++用于将操作数递增 1，因此 num++等同于表达式 num=num+1。--运算符用于将操作数递减 1，因此 num--等同于表达式 num=num-1。另外，自增和自减运算符根据位于操作数之前还是之后，得到的值也不一样。例如，++x/--x 表示在使用 x 之前，使 x 的值加或减 1；x++/x--表示在使用 x 之后，使 x 的值加或减 1。

粗略地看，++x 和 x++的作用相当于 x=x+1。但++x 和 x++的不同之处在于，++x 是先执行 x=x+1 再使用 x 的值，而 x++是先使用 x 的值再执行 x=x+1。如果 x 的原值是 5，则对于 y=++x，x 的值先增加为 6，再把 x 的值赋给 y，最终 x 和 y 的值均为 6；对于 y=x++，先把 x 的值（5）赋给 y，然后 x 的值自增为 6，最终 x 为 6，y 为 5。例 2.1 介绍了一元运算符的使用。

例 2.1

```
public class Demo1
{
    public static void Main(string[] args)
    {
        int num1,num2,sum1,sum2;
        num1 = 5;
        sum1 = num1++;
        Console.WriteLine ("num1 = " + num1);
        Console.WriteLine ("sum1 = " + sum1);
        num2 = 5;
```

```
            sum2 = ++num2;
            Console.WriteLine ("\num2 = " + num2);
            Console.WriteLine ("sum2 = " + sum2);
        }
    }
```

上述代码的运行结果如图 2-2 所示。

图 2-2　一元运算符的运行结果

很显然，自增与自减只能针对数值型数据，即各种整型、浮点型、字符型等数据，而不能针对如布尔型、字符串等非数值型数据。

2. 二元运算符

二元运算符是指处理两个操作数的运算符。C#语言中常用的二元运算符包括+、-、*、/、%。其中，只有%运算符大家比较陌生。%运算符用来求余数，即两个数相除获得整数商以后的余数，该运算符只作用于两个整数。例 2.2 介绍了二元运算符的使用。

例 2.2

```
    public class Demo2
    {
        public static void Main(string[] args)
        {
            int a, b;
            int sum, minus, product, quotient, reMainder;
            a = 10;
            b = 7;
            minus = a - b;
            product = a * b;
            quotient = a / b;
            reMainder = a % b;
            Console.WriteLine("差为:" + minus);
            Console.WriteLine("积为:" + product);
            Console.WriteLine("商为:" + quotient);
            Console.WriteLine("余数为:" + reMainder);
        }
    }
```

上述代码的运行结果如图 2-3 所示。

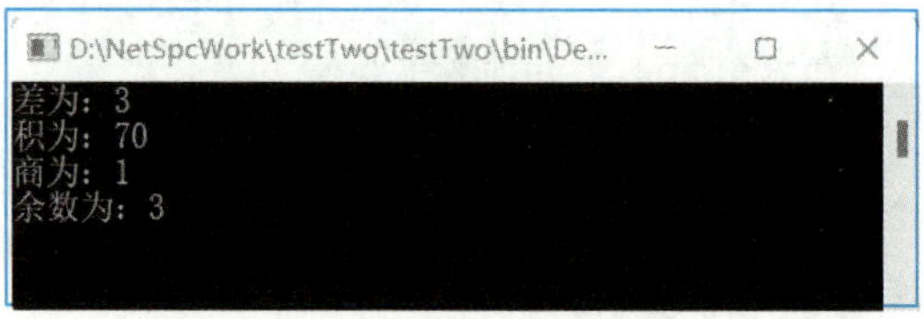

图 2-3　二元运算符的运行结果

可见，10 除以 7 得到的不是一个小数，而是一个整数 1。这是由于 10 和 7 都是一个整数，它们在进行混合运算时，结果也只返回整型数据。这里的整数并没有进行任何转换，得到的结果当然也是整型数据。请大家思考以下程序的运行结果。

```
public class Demo2_1
{
    public static void Main(string[] args)
    {
        int a = 10,b = 4;
        int result1 = a/b;
        float result2 = a / (float)b;//先把 b 转为 float 类型,然后参与运算
        float result3 = (float)(a / b);
        float result4 = a / b * 1.0f;
        Console.WriteLine(result1);
        Console.WriteLine(result2);
        Console.WriteLine(result3);
        Console.WriteLine(result4);
    }
}
```

需要注意，当取余（%）时，如果两个操作数有正有负，或者均为负数，或者有浮点数，这些情况下能不能取余数呢？请读者自行试验，并对结果做出总结。

另外，在前面已经介绍了使用“+”把两个字符串相连接的用法，在实际编程中，要注意区分“+”在不同语句中代表的不同含义。例如：

```
String str1 = "1" + 2 + 3;
String str2 = 1 + "2" + 3;
String str3 = 1 + 2 + "3";
String str4 = 1 + ""; //发生了什么变化?这么做有什么用?
```

请思考上述字符串的运行结果是什么，并进行验证。

3. 复合赋值运算符

在 C#语言中，在赋值运算符“=”之前加上二元运算符即可构成复合赋值运算符，如表 2-4 所示。

表 2-4　复合赋值运算符

运算符	表达式	计算	结果（假设 a=10）
+=	a+=5	a=a+5	15
-=	a-=5	a=a-5	5
*=	a*=5	a=a*5	50
/=	a/=5	a=a/5	2
%=	a%=5	a=a%5	0

复合赋值运算符这种写法十分有利于编译处理，能提高编译效率并生成质量较高的目标代码。复合赋值运算符的运用示例如例 2.3 所示。

例 2.3

```
public class Demo3
{
    public static void Main(string[] args){
        double shoes_price = 98.8;
        Console.WriteLine("鞋的价格为:" + shoes_price);
        shoes_price *= 0.8;
        Console.WriteLine("打 8 折后鞋的价格为:" + shoes_price);
    }
}
```

2.3.3　关系运算符与关系表达式

关系运算符就是用于测试两个操作数之间关系的符号，其中操作数可以是变量、常量或表达式，结果返回布尔值（true 或 false）。关系运算符有 6 种：等于、不等于、大于、大于等于、小于、小于等于。使用关系运算符连接的表达式称为关系表达式。表 2-5 列出了 C#语言中的关系运算符。

表 2-5　关系运算符

关系运算符	描述	表达式
>	检查一个操作数是否大于另一个操作数	a>b
<	检查一个操作数是否小于另一个操作数	a<b
>=	检查一个操作数是否大于等于另一个操作数	a>=b
<=	检查一个操作数是否小于等于另一个操作数	a<=b
==	检查两个操作数是否相等	a= =b
!=	检查两个操作数是否不相等	a!=b

注意：“==”和“=”的区别，“=”是赋值运算符，代表要把右侧表达式的值赋给左侧的变量，而“==”是要检查左侧和右侧的值是否相等，如果相等则返回 true，否则返回 false。

关系运算符的运用示例如例 2.4 所示。

例 2.4

```
public class Demo4
{
    public static void Main(string[] args)
    {
        int a = 10, b = 20;
        Console.WriteLine("a = " + a + ", b = " + b);
        Console.WriteLine("a>b 表达式的结果为:" + (a > b));
        Console.WriteLine("a<b 表达式的结果为:" + (a < b));
        Console.WriteLine("a>=b 表达式的结果为:" + (a >= b));
        Console.WriteLine("a<=b 表达式的结果为:" + (a <= b));
        Console.WriteLine("a==b 表达式的结果为:" + (a == b));
        Console.WriteLine("a!=b 表达式的结果为:" + (a != b));
    }
}
```

上述代码的运行结果如图 2-4 所示。

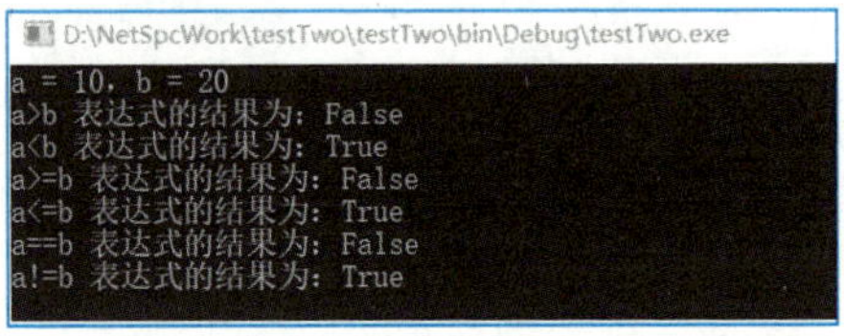

图 2-4　关系运算符的运行结果

一般情况下，用户并不会满足于得到是或非的结果，通常是针对不同的结果，做出判断，选择做不同的事情。例如：

```
如果(我的存款大于 5000 万元为真)
    造艘太空飞船遨游宇宙
否则
    继续埋头苦干永不退缩
```

2.3.4　逻辑运算符与逻辑表达式

逻辑运算符用于测试两个操作数之间的逻辑关系，且这两个操作数必须是布尔型的，如关系表达式的结果也是布尔型的。通过逻辑运算符连接的结果为布尔型的变量或表达式（称为逻辑表达式）。表 2-6 列出了 C#语言中的逻辑运算符。

表 2-6　逻辑运算符

<table>
<tr><th>逻辑运算符</th><th>描述</th><th>表达式</th></tr>
<tr><td>!（逻辑非）</td><td>改变操作数的值，真反转为假，假反转为真</td><td>!a</td></tr>
<tr><td>&&（短路与）</td><td>只有两个条件都为真时才返回真，否则返回假</td><td>a && b</td></tr>
<tr><td>||（短路或）</td><td>两个条件中的任意一个为真就返回真，两个均为假则返回假</td><td>a || b</td></tr>
</table>

逻辑运算符的应用示例如例 2.5 所示。

例 2.5

```
public class Demo5
{
    public static void Main(string[] args)
    {
        int a = 5, b = 10, c = 20;
        boolean r1, r2, r3;

        r1 = (a > b) && (c >= b);//a>b 为假,整体返回假
        Console.WriteLine ("\nr1 = " + r1);
        r2 = (a < b) || (c >= b);//a<b 为真,整体返回真
        Console.WriteLine("\nr2 = " + r2);
        r3 = !r2;
         Console.WriteLine("\nr3= " + r3);
    }
}
```

上述代码的运行结果为 r1=false，r2=true，r3=false。

以上 3 种逻辑运算符得到的结果是布尔类型，所以一般情况下，也会像对待关系运算符那样，把逻辑运算符得到的结果运用在程序内部作为中转。例如，对于闰年的判断，若有以下条件之一成立，则是闰年，否则就是平年。

1）年数能被 400 整除。

2）年数能被 4 整除，但不能被 100 整除。

由于条件 1)、2）之间是并列关系，所以使用逻辑或的关系表达，而第二个条件内部又包含了两个必须同时成立的条件，所以使用逻辑“与”的关系表达。假定年份为 year，则闰年的判断方法可用逻辑运算符表达。“伪代码”如下。

```
如果(year % 400 == 0 || (year % 4 == 0  &&  year%100 != 0))
    year 年为闰年
否则
    year 年为平年
```

由于条件较多，为了让代码更易阅读，避免混淆，对第二个条件采用小括号包含。

思考：下面这种写法是否可行？为什么？

```
如果(!(i % 400 != 0)  ||  !(i % 4 != 0  ||  i % 100 == 0))
    year 年为闰年
否则
    year 年为平年
```

这种写法称为“短路或”，结果如何具体就要看两个条件之中，前面那个条件是真还是假了。下面给出具体示例，如例 2.6 所示。

例 2.6

```
public class Demo6
{
    public static void Main(string[] args)
    {
        int a = 5, b = 10, c = 20;
        bool  r1, r2;

        r1 = (a > b) && (c++ >= b);
        Console.WriteLine("r1 = " + r1);
        Console.WriteLine("c = " + c);

        c = 20;
        r2 = (a > b) || (c++ >= b);
        Console.WriteLine("\nr2 = " + r2);
        Console.WriteLine("c = " + c);
    }
}
```

上述代码的运行结果如图 2-5 所示。

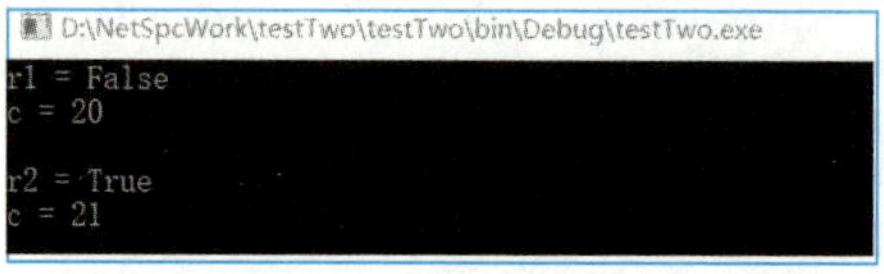

图 2-5 短路与、短路或的运行结果

为什么都有进行自增的代码，只是把逻辑与改成了逻辑或，运行后 c 的值一个没有变化，一个却自增了 1 呢？其实这就是所谓“短路”的作用了。

对于短路与，需要两个条件均为真才返回真，如果第一个条件为假，则不会再判断第二个条件就直接返回假，所以对于“r1=(a>b) && (c++>=b);”，前半部分已经不满足条件，后半部分根本没有执行。

对于短路或，如果第一个条件为真，则无须再判断第二个条件就返回真，对于“r2=(a>b) || (c++>=b);”，前半部分为假，这时程序才会继续判断第二个条件，从而让自增得以执行。

再如，x、y 的初值均是 0，那么分别经过下列逻辑比较运算。

```
((y = 1) == 0)) && ((x = 6) == 6));
((y = 1) == 1)) && ((x = 6) == 6));
```

思考：这两种情况下，运行结束后，x、y 的值分别是多少？

需要注意的是，像上面这个例子，只是为了便于大家理解逻辑运算符及自增运算，很显然这种写法加大了阅读难度，所以不赞成各位在进行逻辑运算处理的同时加入算术运算。

2.3.5 条件运算符

条件运算符又称三元运算符，是“?”和“:”符号的组合，根据条件执行两个语句中的一个。它的一般形式如下。

```
test?语句 1:语句 2
```

test：任何布尔表达式。

语句 1：当 test 是 true 时执行的语句，可以是复合语句。

语句 2：当 test 是 false 时执行的语句，可以是复合语句。

下面给出条件运算符的应用示例，如例 2.7 所示。

例 2.7

```
public class Demo7
{
    public static void Main(string[] args)
    {
        int num = 15;
        string str;
        str = (num % 2 == 0)?"num 是偶数!":"num 是奇数!";
        Console.WriteLine(str);
    }
}
```

上述代码的运行结果为“num 是奇数!”。

2.3.6　运算符的优先级

在实际的开发中，可能在一个运算中出现多个运算符。那么计算时，就按照运算符优先级级别的高低进行计算，级别高的运算符先运算，级别低的运算符后计算。具体的运算符优先级如表 2-7 所示。

表 2-7　运算符优先级

次序	运算符	结合性
1	括号，如()和[ ]	从左到右
2	一元运算符，如+（正）、-（负）、++、--和!	从右到左
3	乘除算术运算符，如*、/和%	从左到右
4	加减算术运算符，如+（加）和-（减）	从左到右
5	大小关系运算符，如>、<、>=和<=	从左到右
6	相等关系运算符，如==和! =	从左到右
7	与运算符，如&和&&	从左到右
8	异或运算符，如^	从左到右
9	或运算符，如|和||	从左到右
10	条件运算符，如?、:	从左到右
11	赋值运算符，如=、+=、-=、*=、/=和%=	从右到左

其主要原则如下。

1）表 2-7 中的优先级按照从高到低的顺序书写，也就是优先级次序为 1 的优先级最高，优先级次序为 11 的优先级最低。

2）采用结合性原则。结合性是指运算符结合的顺序，通常都是从左到右。从右到左的运算符最典型的就是负号，如 3+-4 的含义为 3 加-4，负号首先和运算符右侧的内容结合。

3）其实在实际的开发中，不需要去记忆运算符的优先级别，也不要刻意地使用运算符的优先级别，对于不清楚优先级的地方可使用小括号进行替代。例如：

```
a + b * (c % d) + e && (f || g)
```

这样书写，便于编写代码，也便于代码的阅读和维护。

2.4 输入输出语句

2.4.1 输入语句

输入语句如下。

```
using System;
namespace ATM
{
    class Employee
    {
        static void Main(string[] args)
        {
            //接收姓名和学历
            Console.WriteLine("请输入姓名:");
            string name = Console.ReadLine();

            Console.WriteLine("请输入基本学历:");
            string qualifications = Console.ReadLine();

            //显示职员的姓名和学历
            Console.WriteLine();
            Console.WriteLine("{0}的详细信息如下:", name);
            Console.WriteLine("姓名:{0}", name);
            Console.WriteLine("学历:{0}", qualifications);
        }
    }
}
```

Console.ReadLine()：接收从键盘输入的值，默认是字符串类型。

2.4.2　输出语句

输出语句如下。

```
using System;
namespace ATM
{
    class Organization
    {
        static void Main(string[] args)
        {
            Console.WriteLine();                //输出空白换行语句
            Console.WriteLine("Hello World");   //输出字符串:"Hello World"
            Console.WriteLine(20);              //输出数字 20
        }
    }
}
```

程序对用户界面输出语句时使用的是 Console.WriteLine 方法。Console.WriteLine 有多个方法重载，支持多种数据类型的输出。

2.5 项目实战：编程实现ATM系统菜单展示功能与选择响应功能

2.5.1　编程实现 ATM 系统菜单展示功能

任务描述

ATM 管理系统需要提供友好的界面，使用户可以选择不同的菜单进行操作。

任务分析

实现该功能时需要用到输入输出语句，并使用变量存储数据。

任务实施

1）新建一个名称为 MyATM 的控制台应用程序。

2）添加一个 ATM 类，修改 Main 方法，代码如下。

```
class ATM
{
    static void Main(string[] args)
    {
        Console.WriteLine("欢迎进入ATM系统");
        Console.WriteLine("\n主菜单:");
        Console.WriteLine("\t 1-查询余额");
        Console.WriteLine("\t 2-提取现金");
        Console.WriteLine("\t 3-存款");
        Console.WriteLine("\t 4-退出");
        Console.WriteLine("\n请输入选择:");
    }
}
```

3）运行此应用程序，运行结果如图 2-6 所示。

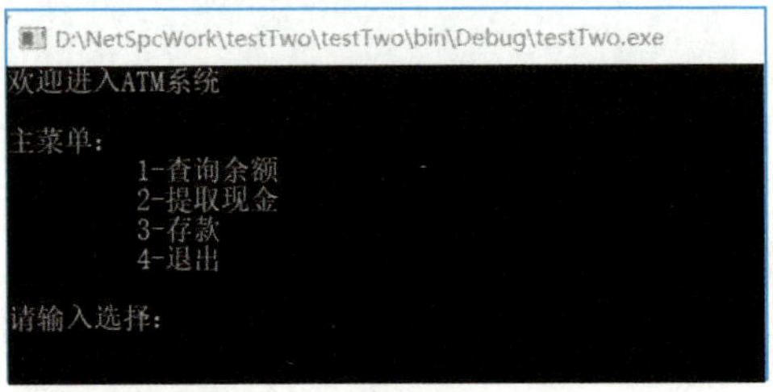

D:\NetSpcWork\testTwo\testTwo\bin\Debug\testTwo.exe
欢迎进入ATM系统
主菜单:
1-查询余额
2-提取现金
3-存款
4-退出
请输入选择:

图 2-6　程序的运行结果

2.5.2　编程实现响应用户选择不同菜单的功能

任务描述

用户选择不同的菜单时，ATM 管理系统需要响应用户的选择。

任务分析

该功能需要用到接收用户输入的语句，并使用变量存储数据。另外，为验证数据的正确性，可使用输出语句输出变量的值。可在 2.5.1 节代码的基础上进行完善。

任务实施

1）完善 Main 方法，代码如下。

```
class ATM
{
    static void Main(string[] args)
```

```
        {
            Console.WriteLine("欢迎进入 ATM 系统");
            Console.WriteLine("\n 主菜单:");
            Console.WriteLine("\t 1-查询余额");
            Console.WriteLine("\t 2-提取现金");
            Console.WriteLine("\t 3-存款");
            Console.WriteLine("\t 4-退出");
            Console.WriteLine("\n 请输入选择:");
            int operateID=Convert.ToInt32(Console.ReadLine());
            Console.WriteLine("您选择的是:{0}",operateID);
            Console.ReadLine();
        }
    }
```

2）运行此应用程序，结果如图 2-7 所示。

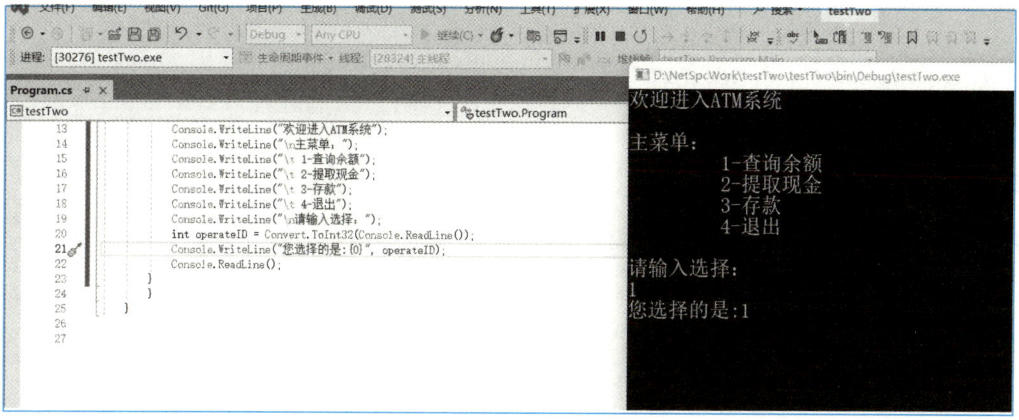

图 2-7　改进后的程序及运行结果

项 目 自 测

填空题

1. 操作符________被用来说明两个条件同为真的情况。
2. 布尔型的变量可以赋值为关键字________或________。
3. 设 x=10，则表达式 x<10? x=0:x++的值为________。
4. 设 int a=9，b=6，执行语句 c=a/b+0 后，c 的值为________。
5. 下列代码的运行结果是________。

```
int a = 30;
int b = 20;
```

```
b = a;
a = b;
Console.Writeline(a);
```

6. 设 int x=10，a=0，b=25，则条件表达式 x<1? a+10:b 的值是________。
7. 常量使用关键字________进行声明。

项目 3

ATM 系统登录模块

项目导读

之前编写的程序都是顺序执行的，也就是说，代码从上到下一行一行地执行，没有任何分支（选择）、循环（重复）等逻辑代码。但是在现实生活中，这样的需求是存在的。例如，班主任需要对学生的综合成绩进行判断，从而决定是否给予奖学金，在没有判断之前，并不确定是否要发放奖学金；银行需要对客户做出分析，以判定客户的信用等级，并提供不同额度的贷款。这些都属于分支结构，反映到程序中就是，程序运行时并不是所有的流程都会得到执行，而是只执行其中的一个或一部分流程，其余的流程由于不符合条件而不执行。循环结构也很常见，循环就意味着重复。例如，地球自转、公转是一个重复执行的行为，超市收银员扫描客户商品也是一种重复执行的行为。

视频：ATM 系统登录模块

在程序中，可以通过控制语句来有条件地选择执行语句或重复执行某个语句块。C#的控制语句有 if…else 语句、switch 语句、while 和 do…while 语句、for 语句、跳转语句、异常处理语句。

分支结构、循环结构和顺序结构是 C#语言的三大程序流程结构，也是 C#编程语言的核心内容之一。

本项目将针对分支结构进行详细透彻的讲解。通过学习，学生应掌握 if…else 语句、switch 语句的用法。

学习目标

- 掌握 if 条件语句、多重 if 语句、嵌套 if 语句及 switch 语句的结构。
- 能通过编程实现 ATM 系统登录功能。
- 能使用 if 语句和 switch 语句解决生活中的实际问题。
- 培养踏实认真、不怕失败、勇于探索的科学精神。

3.1 块作用域

在介绍控制结构之前，先简单介绍“代码块”的概念。

“代码块”，通俗地说就是“一块代码”，也就是指多行代码放在一起的状态，在C#语言中，怎样来定义一个代码块呢？很简单，只需要将这部分代码用大括号括起来即可，如在Main方法中定义一个代码块，如例3.1所示。

例 3.1

```
public class BlockDemo
{
  public static void Main(string[] args)
   {
        int bookPrice = 23;
        Console.WriteLine("bookPrice = " + bookPrice);
        {
            bookPrice--;
            Console.WriteLine("bookPrice = " + bookPrice);
        }
        Console.WriteLine("bookPrice = " + bookPrice);
   }
}
```

运行上述代码，程序一切正常，分别输出bookPrice为23、22、22。这说明代码块内可以使用代码块外定义的变量，并能对外部的变量做出更改。那么代码块内定义的变量能不能被外部使用呢？下面来看例3.2。

例 3.2

```
public class BlockDemo2
{
  public static void Main(string[] args)
   {
        {
            int bookPrice = 23;
        }
        Console.WriteLine(bookPrice);
   }
}
```

运行上述代码时，Visual Studio给出错误指示，提示找不到bookPrice。这说明代码块内部定义的变量是不能被外部使用的，这就涉及“作用域”的概念。作用域是指某个变量能起作用的区域，通俗地说，就是变量能在什么范围内使用。根据例 3.2 可知：代码块内部定义的变量，其作用域仅限于该代码块内部。

为了深入理解作用域的概念，下面给出两个示例，并对结果进行解释，如例 3.3 和例 3.4 所示。

例 3.3

```
public class BlockDemo3
{
    public static void Main(string[] args) {
        int bookPrice = 22;
        {
            int bookPrice = 23;
            Console.WriteLine(bookPrice);
        }
        Console.WriteLine(bookPrice);
    }
}
```

运行上述代码时程序报错，提示变量重复定义。下面稍微变化一下。

例 3.4

```
public class BlockDemo4
{
    public static void Main(string[] args)
    {
        {
            int bookPrice = 23;
            Console.WriteLine(bookPrice);
        }
        int bookPrice = 22;
        Console.WriteLine(bookPrice);
    }
}
```

运行上述代码，没有任何错误，正常输出 23、22。

3.2 分支结构之 if…else 语句

3.2.1 if 语句

在 C#语言中，最简单的分支结构就是 if 语句。if 语句根据条件真或假，判断是否执行

if 的从属语句，如图 3-1 所示。

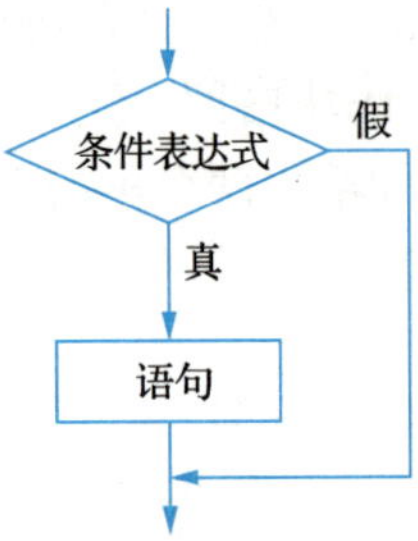

图 3-1　if 语句流程图

例如，用程序描述“如果今天不下雨，大家就去踢球”。采用“伪代码”的方式描述，如下。

```
如果(isRaining == false)
Console.WriteLine("大家就去踢球");
```

接下来，需要对伪代码进行“翻译”，转换为真正能够在程序中运行的 C#语句。在 C#语言中（英文中也是这样），“如果”用 if 来表达，所以改写后的伪代码如下。

```
if(isRaining == false)
Console.WriteLine("大家就去踢球");
```

这已经是能够正常运行的 C#代码了，需要注意 if 语句的格式如下。

```
if(条件){
    要做的事情
}
```

可以看到，在 if 语句后加了大括号，使要做的事情成为一个代码块，这么做有什么用处呢？下面给出“如果不下雨，男生去踢球，女生去逛街”的示例，如例 3.5 所示。

例 3.5

```
public class FootballDemo
{
    public static void Main(string[] args) {
        bool isRaining = false;//是否下雨
        if(isRaining == false)
            Console.WriteLine("男生去踢球!");
            Console.WriteLine("女生去逛街!");
    }
}
```

运行上述代码，因为程序初始条件是不下雨（false），所以 if 语句条件成立，现程序正确输出了男生和女生分别要做的事，如图 3-2 所示。

但如果天公不作美，偏偏要下雨呢？把 isRaining=false 改为 isRaining=true 试试看。一般来说，一旦下雨，男生肯定不踢球，女生肯定也不会逛街了。再次运行程序，结果如图 3-3 所示。

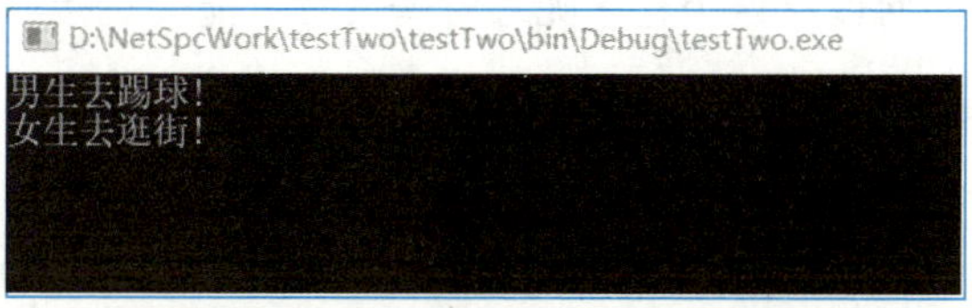

图 3-2　if 语句条件成立时的运行结果

图 3-3　if 语句条件不成立时的运行结果

奇怪了，不是说不下雨女生才去逛街的吗？怎么现在不管下不下雨都要去逛街了呢？这一结果明显不合常理。

其实，这是程序的问题导致的。在程序中，if 语句后跟了两条语句，本意是要这两条语句在 if 语句条件成立时才执行，所以，应该让这两条语句都跟随 if 语句，但现在只有“男生去踢球”在 if 语句后面，“女生去逛街”其实和 if 语句没有任何关系。所以说，当条件成立时，希望做多件事情，那么必须要用大括号把这些事情括起来，使其成为一个代码块。当然，如果只做一件事情，不使用大括号括起来也没有错误。

在随后的编程中，为了让代码尽量少犯错误，更易阅读，应该在每一个 if 后面加上大括号。

有了“如果”，当然就有“否则”。下面讨论“如果……否则……”结构。

3.2.2　if…else 语句

if…else 语句结构根据一个布尔值的真假来选择做不同的事情，即“如果……否则……”。对于此结构，大家并不陌生，项目 2 中已经介绍过类似的程序逻辑了，也就是条件运算符（三元运算符）。其实，if…else 只不过是条件运算符的完整写法而已。它的流程图如图 3-4 所示。

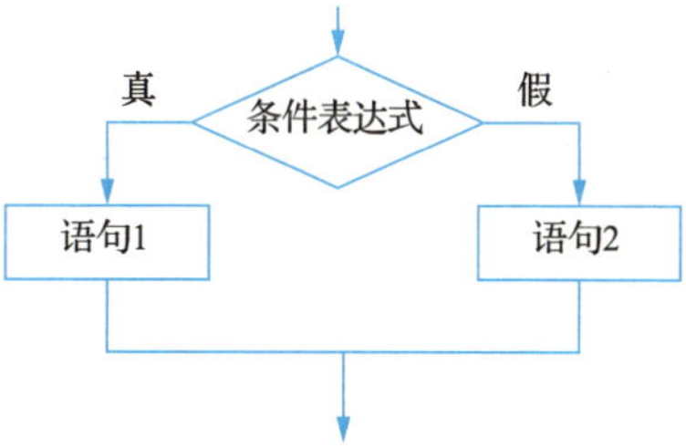

图 3-4　if…else 语句的流程图

例如，你是老板，你想设计一个程序用于计算员工的周薪：员工的周工时（hours）如果低于 40h，则每小时的薪水为 rate；如果员工的周工时超过了 40h，则超过 40h 的部分按照 1.5 倍时薪计算。应如何设计这个程序呢？有些读者可能会直接给出如下算法。

```
Pay=40 * rate+1.5 * (hours-40 ) * rate;
```

这么写对不对呢？很显然，如果员工周工时低于 40h，这么计算就不对了。这个问题需要分为两种不同的情况进行判断，根据周工时是否高于 40h 来分别计算。描述如下。

```
如果(hours < 40){
    pay = hours * rate;
}
否则{
    pay = 40 * rate + 1.5 * (hours - 40 ) * rate;
}
```

这才是正确的计算周薪的程序，如果员工的周工时低于 40h，则周薪为周工时乘以基本时薪；如果周工时高于 40h，则高出的部分乘以 1.5 倍时薪。判断的条件是“是否高于 40h”，是一个布尔值。

接下来，进行“翻译”。刚才已经知道“如果”用 if 来表达，在 C#语言中，“否则”使用 else 来表达，它们组合起来称为 if…else 分支结构，用于对不同的情况进行分支判断，并根据情况转向不同的代码。以下是将“伪代码”替换后得到的真实代码。

```
if(hours < 40)
{
    pay = hours * rate;
}
else
{
    pay = 40 * rate + 1.5 * (hours - 40 ) * rate;
}
```

现在编写出完整的程序，如例 3.6 所示。

例 3.6

```
class PayDemo
{
    static void Main(string[] args)
    {
        float pay = 0;      //周薪
        int rate = 55;      //时薪
        int hours;          //周工作小时
        Console.WriteLine("请输入员工上周工作小时:");
        hours = Convert.ToInt32(Console.ReadLine());
        //计算工资算法
        if(hours < 40)
        {
            pay = hours * rate ;
```

```
            }
            else
            {
                pay = 40 * rate + 1.5f * (hours - 40) * rate;
            }
            Console.WriteLine("该员工上周工资为:" + pay);
            Console.ReadLine();
        }
    }
```

可以看到，斜体部分的代码，正是本程序最为核心的算法。在分支结构中，程序并不是顺序地执行所有代码，而是根据条件进行判断，从而转向不同的分支。运行程序，输入员工上周工作小时，结果如图 3-5 和图 3-6 所示。

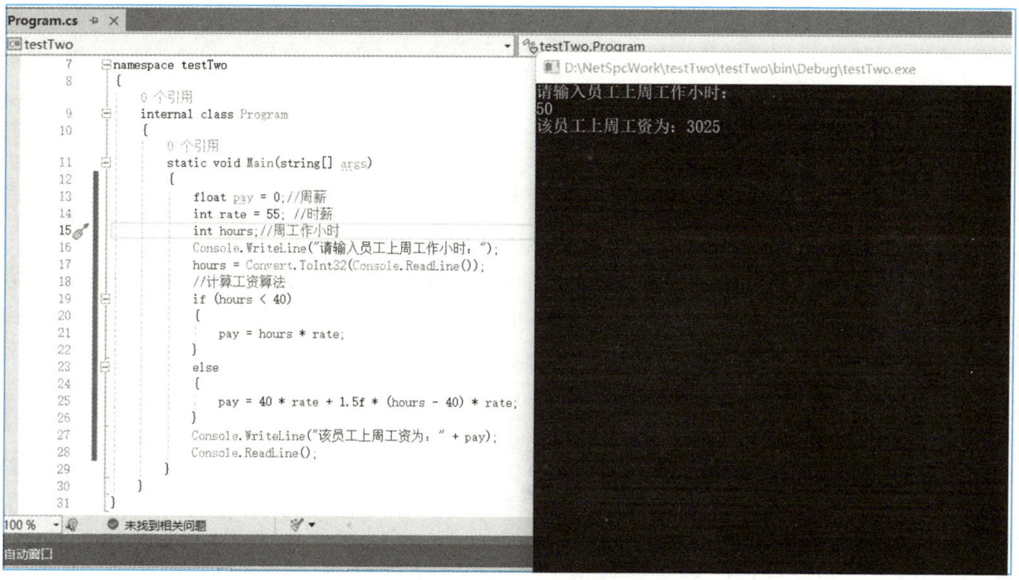

图 3-5　高于 40h 的情况

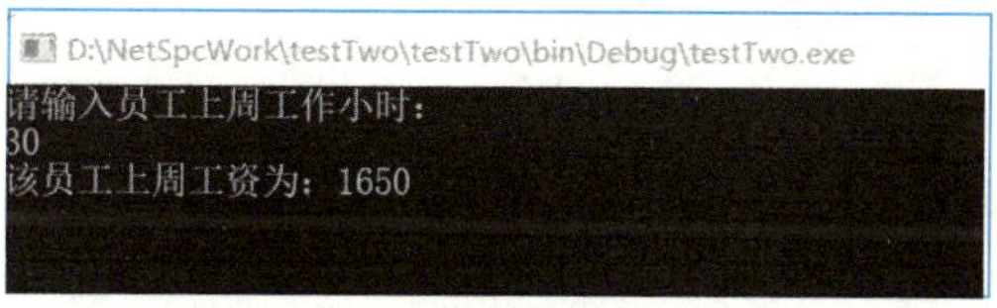

图 3-6　低于 40h 的情况

需要注意的是，else 不能单独使用，必须要和 if 语句搭配使用。

在某些情况下，条件可能有多个，当分支较多时可以采取 if 语句的嵌套来实现。

3.2.3 嵌套 if 语句

嵌套 if 语句可以在条件内，针对真或假的情况，再指定条件进行判断，从而拥有执行更多分支的功能。嵌套 if 语句的流程图如图 3-7 所示。

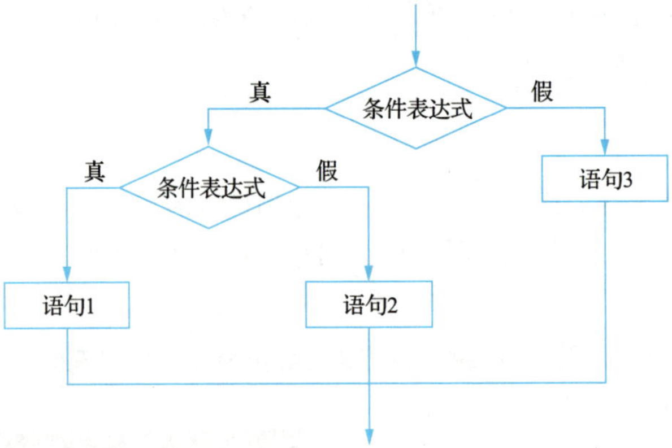

图 3-7 嵌套 if 语句的流程图

图 3-7 只指定了外层判断为真时内层嵌套 if 的情况。其实，在图 3-7 中，语句 1～语句 3 均可替换为条件判断语句，从而实现更深层次的条件嵌套。

例如，对于一个三角形来说，它的 3 个边长都应该是大于零的，另外，还必须满足的条件就是，任意两边边长之和应该大于第三边。假设现在有 a、b、c 共 3 个数字，要判断它们 3 个能否组成一个三角形，这样的程序该如何设计呢？先用伪代码描述如下。

```
如果(a>0 && b>0 && c>0)
{
    如果(a+b>c && a+c>b && b+c>a)
    {
        输出:这 3 个数字可以组成三角形
    }
    否则
    {
        输出:这 3 个数字不能组成三角形
    }
}
否则
{
    输出:错误,三角形的 3 条边都必须大于 0
}
```

先理清思路，再完善代码。完善后的代码如例 3.7 所示。

例 3.7

```
public class TriangleDemo
```

```
{
    public static void Main(string[] args)
    {
        int a = 1;
        int b = 2;
        int c = 3;
        if(a > 0 && b > 0 && c > 0)
        {
            if(a + b > c && a + c > b && b + c > a)
            {
                Console.WriteLine("这 3 个数字能够组成三角形!");
            }
            else
            {
                Console.WriteLine("这 3 个数字不能组成三角形!");
            }
        }
        else
        {
            Console.WriteLine("三角形的 3 条边必须是正数!");
        }
    }
}
```

程序中的测试数据分别为 1、2、3，运行程序可以看到结果为“这 3 个数字不能组成三角形!”。如果把 a 的值改为-1，则提示“三角形的 3 条边必须是正数!”；如果把 a 的值改为 2，则提示“这 3 个数字能够组成三角形!”。可见程序完全正确。

由于本程序出现了两个 if 和两个 else，在 3.2.2 节中提到 else 必须要和 if 语句搭配使用，那么，两个 else 分别和哪个 if 匹配呢？其中有什么规律吗？请结合代码块大括号的开始和结束进行讨论。

思考：对于这个题目，如果要判断是不是一个三角形，只用一个 if 语句能不能完成呢？当然没有问题。把两个 if 语句内的条件用“&&”连起来，也可以达到判断的目的，但是如果这么做，当 3 条边的值不能组成三角形时，就不能知道确切的原因了。所以往往要根据实际应用情况来决定是采用一个 if...else 语句还是采用嵌套 if 语句。

3.2.4　多重 if 语句

在某些情况下，需要对一系列对等的条件进行判断，从而决定采用什么解决办法。例如，对于学生的成绩来说，不同的分数对应不同的等级。对于这一类问题来说，使用之前介绍的 if 语句很难解决，或写法不简洁、可读性较差，但使用多重 if 语句就能很好地解决这个问题。多重 if 语句的语法格式如下。

```
if(表达式1)
    语句1;
else if(表达式2)
    语句2;
else if(表达式3)
    语句3;
…
else
    语句 n;
```

这种结构从上到下逐个对条件进行判断，一旦发现条件满足就执行与该条件相关的语句，并跳过其他条件判断；若没有条件满足，则执行最后一个 else 后的语句 n；如果没有最后的 else 语句，则不执行任何操作，并且控制权将交给 if…else if 结构后的下一条语句。同样地，如果每个条件中有多于一条语句要执行，则必须使用“{”和“}”把这些语句括起来。

从语法格式可以看出，多重 if 语句的流程图如图 3-8 所示（假设只有 3 个条件判断）。

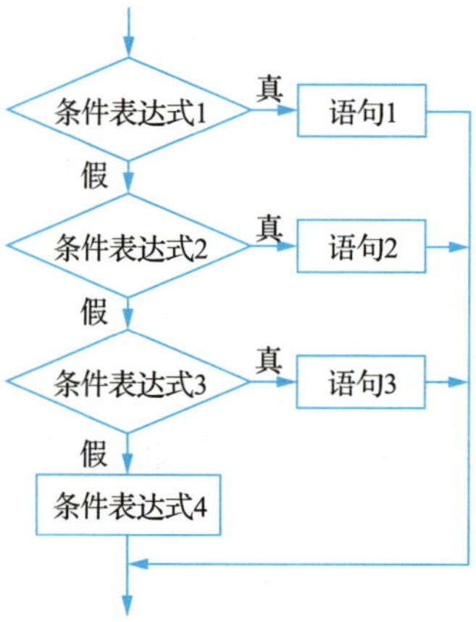

图 3-8　多重 if 语句的流程图

假如学生的考试等级依据考试成绩来判断，规则如下：成绩大于等于 90 分的等级为 A，成绩大于等于 80 分且小于 90 分的等级为 B，成绩大于等于 70 分且小于 80 分的等级为 C，成绩大于等于 60 分且小于 70 分的等级为 D，成绩小于 60 分的等级为 E。下面给出程序示例，首先要求学生输入成绩，然后输出对应的等级，如例 3.8 所示。

例 3.8

```
public class GradeTest
{
    public static void Main(string[] args)
    {
        int score;      //分数
        char grade;     //等级
```

```
        Console.WriteLine("请输入分数:");
        score = Convert.ToInt32(Console.ReadLine());
        if(score >= 90)
        {
            grade = 'A';
        }
        else if(score >= 80) //①
        {
            grade = 'B';
        }
        else if(score >= 70) //②
        {
            grade = 'C';
        }
        else if(score >= 60)
        {
            grade = 'D';
        }
        else
        {
            grade = 'E';
        }
        Console.WriteLine("分数为:" + score);
        Console.WriteLine("等级为:" + grade);
    }
}
```

上述代码的运行结果如图 3-9 所示。

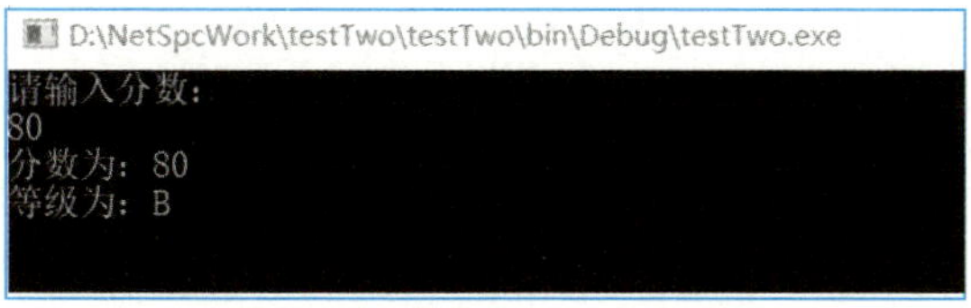

图 3-9　多重 if 语句的运行结果

例 3.8 中输入的考试成绩 80 存储在变量 score 中，然后使用 if…else if 结构判断 score 变量中的值满足哪个 if 语句中的条件。如果第一个 if 条件返回的结果为假，则执行其后的 else if 语句，依次检查每个条件直到找到正确的匹配项，或者到达该结构尾的 else 语句。

读者需要重点理解“else if(条件)”语句中“条件”的含义。例如，在例 3.8 中，“else if(score>=80)”其实并不意味着只要分数大于等于 80 就满足条件，而是指在不满足以上条件的基础上，如果满足当前条件，就执行该分支。所以“else if(score>=80)”，其实是指成绩首先要小于 90，然后要大于等于 80。所有的条件区间之和应当包含整个数轴且不重合。

思考： 如果例 3.8 中的注释①和②的两行代码交换位置，会有什么影响？

3.3 分支结构之 switch 语句

3.2 节通过实例讲解了 if…else 语句、嵌套 if 语句和多重 if 语句，读者要重点掌握它们的含义和适用的场合。根据以上讲解，可以得出以下结论。

1）if…else 语句：只有一个条件分支时使用。

2）嵌套 if 语句：多个条件时使用。

3）多重 if 语句：多个分支时使用。

对于多重 if 语句，由于其写法较为烦琐，性能也低下，故 C#语言提供了另外一种多分支结构——switch 语句。switch 语句可以替换某些多重 if 语句，使程序代码的阅读性大大提高，性能也得到提升。其语法格式如下。

```
switch(expression)
{
    case value1:
        statement1;
        break;
    case value2:
        statement2;
        break;
    case valueN:
        statementN;
        break;
    default:defaultStatement;
}
```

通俗地说，switch 语句的执行过程如下：表达式 expression 的值与每个 case 语句中的常量进行比较。如果发现一个与表达式匹配的 case 常量，则执行该 case 语句后的代码；如果没有 case 常量与表达式的值匹配，则执行 default 语句。当然，default 语句是可选的，如果没有匹配的 case 语句，也没有 default 语句，则什么也不执行。

case 语句序列中的 break 语句可使程序流从整个 switch 语句中退出。当遇到一个 break 语句时，程序将从整个 switch 语句后的第一行代码开始继续执行。当然，在一些特殊情况下，如多个不同的 case 值要执行一组相同的操作，则可以不使用 break 语句。

需要注意的是，expression 的数据类型为 byte、short、int、char 等。不可以是浮点型数据，这是 switch 语句比多重 if 语句受限制的地方。另外，case 子句中的值 value1、value2 等必须是常量，而且所有 case 子句中的值应是不同的。

下面给出例 3.9，根据用户输入的运算符号，计算两个数字运算的结果。

例 3.9

```
public class CalDemo
{
    public static void Main(string[] args)
    {
        int num1 = 10,num2 = 4,result;
        string line;
        char sign;
        Console.WriteLine("num1="+num1+",num2="+num2);
        Console.WriteLine("请输入运算符号:");
        line = Console.ReadLine();//读取一行数据
        sign = line.charAt(0);     //获得字符串的第一个字符
        switch(sign)
        {
            case '+':
                result = num1 + num2;
                break;
            case '-':
                result = num1 - num2;
                break;
            case '*':
                result = num1 * num2;
                break;
            case '/':
                result = num1 / num2;
                break;
            case '%':
                result = num1 % num2;
                break;
            default:
                Console.WriteLine("运算符号错误!");
                result = -1;//若运算错误,则结果置为-1
        }
        Console.WriteLine("num1 "+ sign +" num2 = " + result);
    }
}
```

其中，字符串变量 line=Console.ReadLine()表示读取用户输入的一行数据，而 sign=line.charAt(0)表示获得字符串的第一个字符，即运算符号。

再次强调，switch 语句不同于 if 语句的是，switch 语句仅判断与 case 中某个值相等的情况，而 if 语句可计算任何类型的布尔表达式。也就是说，switch 语句只能寻找 case 常量间某个值与表达式的值是不是匹配，若匹配则执行该分支；若不匹配则继续往下寻找其余的 case 常量，直至 default 语句。

3.4 常见问题

本项目讨论了程序流程的分支结构，重点讲解了程序的块作用域、if 语句和 switch 语句的用法。很显然，分支结构会在随后普遍用到，虽然它们都很简单，但也可能由于初学者使用不熟练而造成一些问题。下面对一些常见问题进行总结。

1. 作用域问题

```
int hour = 12;
if(hour>12)
{
    int minute = 30;
}
else
{
    Console.WriteLine("minute="+minute);
}
```

其中，minute 变量是在 if 语句内定义的，不能在它所在的大括号外使用。

2. if…else 匹配问题

```
if(age > 18)
    Console.WriteLine("通过");
    if(health)
        Console.WriteLine("录用");
    else
        Console.WriteLine("不录用");
else
    Console.WriteLine("不通过");
```

对于此类问题，解决办法是为每一个 if…else 都加上大括号。

3. switch 语句处理范围

```
long length = 10;
switch(length)
{
    …//省略其他代码
}
```

出于对效率的考虑，switch 语句设定为只处理整型数据。

4. case问题

```
int month = 8, days;
switch(month)
{
    case 2:
        days = 28;
        break;
    case 1, 3, 5, 7, 8, 10, 12:
        days = 31;
        break;
    case 4, 6, 9, 11:
        days = 30;
        break;
    default:
        Console.WriteLine("月份错误! ");
}
```

每个case只能处理一种情况，所以这种写法是错误的。另外，case后只能跟常量，所以也不能出现如“case a==1:”的情况。

5. if语句中赋值运算符和关系运算符

```
int age=10;
if(age=10)
{
    …//省略其他代码
}
```

观察上述代码，可以发现代码中错误地把关系对比“age==10”写成了“age=10”，这也是初学者常犯的错误之一。

3.5 项目实战：编程实现ATM系统登录功能

任务描述

在ATM上取款时，只有插入银行卡并输入正确的卡密码（卡号9552018，密码888888），用户才能进入系统进行各功能操作。在C#语言中，模拟现实中的ATM取款功能，用户需要正确地输入卡号和密码，才能进入系统主菜单。

任务分析

该任务需要用到输入输出语句，并使用变量存储卡号和密码；需要使用多重 if 分支语句来判断登录是否正确。

任务实施

1）打开控制台应用程序 MyATM。

2）添加一个 ATM 类，添加的代码如下。

```
class ATM
    static void Main(string[] args)
    {
        Console.WriteLine  ("欢迎进入 ATM 系统");
        Console.WriteLine("\n 请输入您的卡号");
        int cardID = Convert.ToInt32(Console.ReadLine());
        if(cardID != 9552018)
        {
            Console.WriteLine("您的卡号不存在");
        }
        else
        {
            Console. WriteLine("\n 请输入您的密码");
            int cardPwd = Convert.ToInt32(Console.ReadLine());
            if(cardPwd != 888888)
            {
                Console.WriteLine("密码错误");
            }
            else
            {
                Console.WriteLine("登录成功");
                Console.WriteLine("\n 主菜单:");
                Console.WriteLine("\t 1-查询余额");
                Console.WriteLine("\t 2-提取现金");
                Console.WriteLine("\t 3-存款");
                Console.WriteLine("\t 4-退出");
                Console.WriteLine("\n 请输入选择:");
            }
        }
    }
}
```

3）修改 Main 方法，代码如下。

```
class ATM
{
    static void Main(string[] args)
```

```
        {
            Console.WriteLine("欢迎进入 ATM 系统");
            Console.WriteLine("\n 请输入您的卡号");
            int cardID=Convert.ToInt32(Console.ReadLine());
            if(cardID!=9552018)
            {
                Console.WriteLine("您的卡号不存在,请重新输入卡号");
            }
            else
            {
              Console.WriteLine("\n 请输入您的密码");
              int cardPwd=Convert.ToInt32(Console.ReadLine());
              if(cardPwd!=888888)
              {
                  Console.WriteLine("密码错误,请重新输入");
              }
              else
              {
                  Console.WriteLine("登录成功");
                  Console.WriteLine("\n 主菜单:");
                  Console.WriteLine("\t  1-查询余额");
                  Console.WriteLine("\t  2-提取现金");
                  Console.WriteLine("\t  3-存款");
                  Console.WriteLine("\t  4-退出");
                  Console.WriteLine("\n 请输入选择: ");
              }
            }
        }
    }
```

4）运行此应用程序，结果如图 3-10 所示。

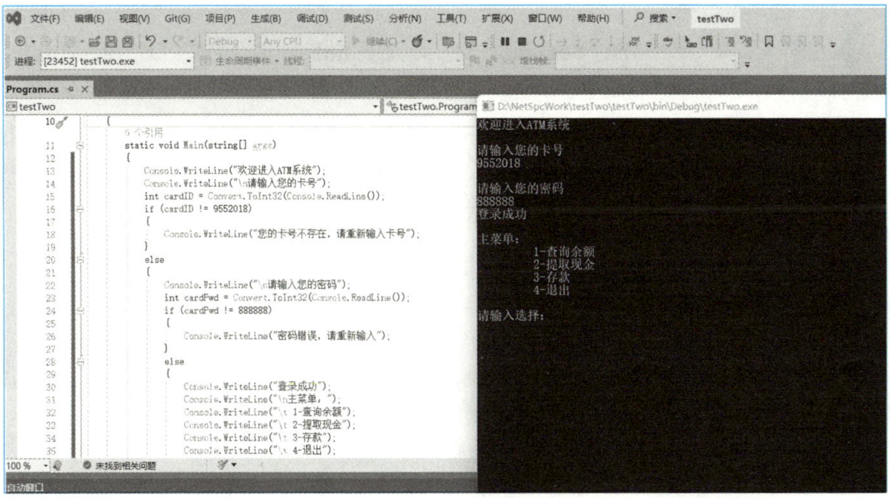

图 3-10　程序及运行结果

项 目 自 测

一、选择题

1．下列代码段运行后，正确的输出是（　　）。

```
Console.WriteLine("shili_1!");
if(1 != 1)
Console.WriteLine("shili_2!");
Console.WriteLine("shili_3!");
```

A．shili_1!shili_2!shili_3!

B．shili_1!shili_3!

C．shili_1!
shili_2!
shili_3!

D．shili_1!
shili_3!

2．下列代码段的输出结果为（　　）。

```
int i = 5;
if(i < 3){
    if(i > 0){
        Console.WriteLine("ok!");
    }else{
        Console.WriteLine("yes!");
    }
}else{
    Console.WriteLine("no!");
}
```

A．ok!　　B．yes　　C．no!　　D．ok!　no!

3．下列说法中不正确的是（　　）。

A．if 语句中可以没有 else

B．switch 语句后可以没有 default 语句

C．switch 语句后可以没有 case

D．case 语句后只能跟常量

4．有如下代码段，若 i 的值为 3，则程序会输出（　　）。

```
switch(i){
    case 0:
    case 1:
        Console.WriteLine("输出 1! ");
    case 2:
    case 3:
        Console.WriteLine("输出 3!");
    case 4:
```

```
    case 5;
        Console.WriteLine("输出 5!");
    }
```

A. 输出 1!　　　　　　　　　　B. 输出 1! 和 5!

C. 输出 3! 和 5!　　　　　　　D. 输出 5!

5. 有如下代码段，当 i 的值为 6 时，程序会输出（　　）。

```
if(i == 5){
    Console.WriteLine ("值为 5!");
}else if(i > 5){
    Console.WriteLine("值大于 5!");
}else{
    Console.WriteLine("值不为 5!");
    }
```

A. 值为 5!　　　　　　　　　　B. 值大于 5!

C. 值不为 5!　　　　　　　　　D. 值大于 5! 值不为 5!

二、编程题

1. 使用 if…else 语句判断任意给定的一个年份是否为闰年。

【提示】一个年份如果是闰年，则必须满足以下条件之一：年数能被 400 整除；年数能被 4 整除，但不能被 100 整除。若不满足则是平年。

【参考代码】创建文件 LeapYear.cs，并编写如下代码。

```
/*编写一个简单的应用程序,用来说明 if…else 分支结构的使用方法。
程序功能:输入一个年份,判断是否为闰年。*/

/*类 LeapYear*/
public class LeapYear
{
    public static void Main(string[] args)
  {
        //从键盘输入年份并存放到变量 year 中
        int year = Console.ReadLine();
        //使用 if…else 结构判断 year 中的年份是否为闰年
        if(year % 4 == 0 && year % 100 != 0 || year % 400 == 0)
        {
            Console.WriteLine("year " + year + " is a leap year.");
        }
        else
        {
          Console.WriteLine("year " + year + " is not a leap year.");
        }
```

```
    }
}
```

2. 某公司的销售部门，销售岗位设有销售任务绩效考核。当销售员的销售业绩超过销售任务一定比例时，会有一定的绩效奖金。例如，实际销售业绩达到或超出销售任务的 2 倍，发放绩效奖金 1000 元；超出销售任务的 1.5～2 倍，发放绩效奖金 500 元；超出销售任务的 1～1.5 倍，发放绩效奖金 100 元；如果没有完成销售任务，则无绩效奖金。

请编写程序，根据销售员实际完成的销售业绩输出不同的绩效奖金信息。

【提示】对于这种多分支情况，很显然不能用 switch 语句来完成，因为 switch 语句不能用来判断某个范围，所以只能用 if…else if 语句来完成。

【参考代码】创建文件 SalesTest.cs，并编写如下代码。

```
/*编写一个简单的应用程序,用来说明 if…else if 分支结构的使用方法。*/
/*程序功能:根据销售员实际完成的销售值的不同分别输出不同的信息,并发放不同的绩效奖金。*/
/*类 SalesTest*/
public class SalesTest
{
    public static void Main(string args[])
    {
        int task = 30;      //销售任务
        int bonus;          //绩效奖金
        //从键盘输入实际完成的销售业绩并存放到变量 yourSales 中
        Console.WriteLine("Input your Sales: ");
        int yourSales = Console.ReadLine();
    /*下面用 if…else if 结构判断 yourSales 的大小,决定绩效奖金的多少并输出不同的信息*/
        if(yourSales >= 2 * task) //实际销售业绩达到或超出销售任务的 2 倍
        {
            bonus = 1000;
            Console.WriteLine("Excellent! bonus = " + bonus);
        }
        else if(yourSales >= 1.5 * task)//达到或超出销售任务的 1.5 倍,但小于 2 倍
        {
            bonus = 500;
            Console.WriteLine("Fine! bonus = " + bonus);
        }
        else if(yourSales >= task) //完成销售任务,但小于 1.5 倍
        {
            bonus = 100;
            Console.WriteLine("Satisfactory! bonus = " + bonus);
        }
        else //未完成销售任务
        {
            Console.WriteLine("You are fired! ");
```

```
            }
        }
    }
```

3．A、B、C、D、E、F、G、H 共 8 人站成一排，按图示方法从 1 开始报数，求谁先报到 8411250。

```
A    B    C    D    E    F    G   H
1→   2→   3→   4→   5→   6→   7→  8
15←14←13←12←11←10←9←
 →16→17→18…
```

【提示】由于共 8 个人，所以由 A 起，每报 14 个数，便又回到 A，形成每 14 个数为一个周期的重复。8411250 便是某一个周期中的一个数。我们只关心 8411250 是该周期中的第几个数，而不关心是第几个周期。用求模运算 8411250%14 很容易求出它是某周期的第几个数。根据它是第几个数便可以按图示对应关系找到是谁报了这个数。

4．将任意给定的 3 个数字按照由低到高的顺序排序，并输出结果。

【提示】这里涉及排序问题，可以采取冒泡排序法的思想，手动排序。

5．假设某市不同车牌的出租车 3km 的起步价和计费分别为：夏利 3 元，3km 以上，2.1 元/km；富康 4 元，3km 以上，2.4 元/km；桑塔纳 5 元，3km 以上，2.7 元/km。

请使用 switch 和 if 语句编程，实现从键盘输入乘车的车型及行车里程，并输出应付车费。

【提示】首先需要确定乘客乘坐的是什么类型的出租车，可以使用 1、2、3 分别表示 3 种车型。输入车型后，使用 switch 语句进行判断，在每个 case 内部，根据用户乘坐的里程，使用 if 语句判断是否超过起步距离，从而计算出应付车费。

项目 4

ATM 系统菜单模块

项目导读

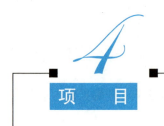

项目 3 介绍了 C#语言中的分支结构，分支结构用于对程序流程中的不同分支进行处理。本项目和项目 5 讨论循环结构，循环结构用于处理程序重复执行的情况。本项目先简要介绍各种循环的基本写法，如 while 循环、do…while 循环及 for 循环。在使用上，3 种写法基本是可以互换的。在本项目的学习过程中，要把重点放在循环的理解上，要明白循环是什么、什么情况下使用循环，以及如何编写循环结构。另外，对于一个循环来说，有 4 个要素，即循环的起点、循环的终点、如何从起点变化到终点，以及每次循环的过程中发生了什么。在项目 5 中，将进一步介绍多重循环。

学习目标

- 理解循环的 4 个要素。
- 掌握 while 循环、do…while 循环、for 循环的用法。
- 能编程实现 ATM 系统 3 次密码登录功能和循环展示系统菜单功能。
- 树立创新思维，培养创新思维和举一反三解决问题的能力。

4.1 使用循环的原因

在很多实际问题中有许多具有规律性的重复操作，因此在程序中需要重复执行某些语句。例如，给定某个数字，输出这个数字后的 5 个数字，按照之前学过的知识，编写程序，如例 4.1 所示。

例 4.1

```
public class NoLoop
{
    public static void Main(string[] args)
    {
```

```
            int i = 3;
            Console.WriteLine(++i);
            Console.WriteLine(++i);
            Console.WriteLine(++i);
            Console.WriteLine(++i);
            Console.WriteLine(++i);
        }
    }
```

很显然，对于这样的程序输出，存在明显的重复性，本例只要求输出 5 个数字，如果要输出 5 万条数据，那么程序将会变得非常不明了，且费时费力。为了解决这个问题，各种编程语言（如 C、C++、C#）都设计了循环结构，循环结构可以有效地变复杂为简洁，帮助程序员高效地开发程序。

4.2 while 循环

C#语言中的循环语句有 while、do…while、for 语句，这些语句实现了通常所称的循环。一个循环重复执行同一套指令直到一个结束条件出现。

while 语句是 C#语言中最基本的循环语句。当它的控制表达式是真时，while 语句重复执行一个语句或语句块。其语法格式如下。

```
while(条件)
{
    …//循环体
}
```

while 指“当”，与之前学过的 if 语句对比一下：

```
if(条件)
{
    …//要做的事情
}
```

可以发现，除关键字不一样外，结构是一样的。但要注意，在条件成立时，if 语句只执行一次，而 while 循环可以反复执行，直至条件不再成立。

条件可以是任何布尔表达式。只要条件表达式为真，循环体就会被执行；当条件为假时，程序控制就传递到 while 循环后面紧跟的语句。可以试想，对于一个循环来说，条件不可能在任何时候都是成立的，不然循环就无法终止，成了死循环，所以在循环体内，肯定会对循环的条件进行适当改变，使条件在某个时刻成为 false，如例 4.2 中的循环方式。

例 4.2

```
public class ATM
{
```

```
        public static void Main(string[] args)
        {
            int i = 3, j=0;
            while(j < 5)                    //条件
            {
                Console.WriteLine(++i);     //要做的事
                j++;                        //变化
            }
        }
    }
```

运行上述代码后输出 4～8。这个程序首先定义 i 的值为 3，j 的值为 0，定义变量 j 是为了进行循环，从 0 开始，终点到 4，循环 5 次，所以条件是“j<5”。

在每次循环的过程中，首先判断“j<5”是否成立，若成立则进入循环体，执行循环体内容；若不成立，则循环结束。

在循环体内，首先输出 i 的值，另外，为了让循环有始有终正常结束，使 j 的值每次自加 1，向终点靠拢。第一次循环时，j 的值为 0，满足条件，进入循环体，输出 i 后执行“j++;”语句，j 的值变为 1；第二次循环时，j 的值已经变为 1，满足条件，进入循环体……；第五次循环时，j 的值为 4，满足条件，进入循环体，输出 i 后 j 的值自加 1 变为 5。这时再对比条件，发现条件已经不满足了，至此，循环结束。j 的值最终为 5。

思考：如果把循环体内的“j++;”一行去掉，那么将会发生什么问题呢？循环还完整吗？

从上述分析可以看出，循环的 4 个要素在程序中的体现：既有起点又有终点，而且还要从起点逐渐变化到终点，在循环的过程中执行循环体内容。

为了对 while 循环有一个更清晰的认识，再来看看 while 循环的执行过程，如图 4-1 所示。

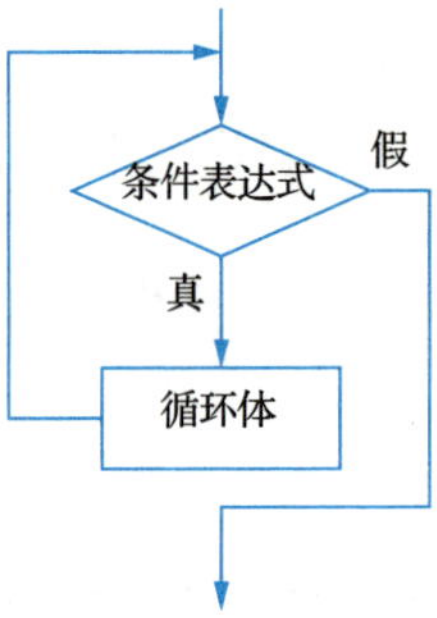

图 4-1　while 循环的执行过程

仔细分析图 4-1，可以看到，while 语句在循环体执行之前就计算条件表达式，假如开始时条件表达式为假，则循环体一次也不会执行。

在极个别情况下，也可以让循环体为空，如例 4.3 所示。

例 4.3

```
    public class ATM
    {
```

```
    public static void Main(string[] args)
    {
        int i = 1;
        while(i++ < 10);//循环体为空
        Console.WriteLine(i);
    }
}
```

注意：循环体内容为空时，只有一个分号，意思为执行空语句。其实这和普通循环并没有太大的不同，只要抓住循环的流程，一步一步分析循环，就能得到结果。例 4.3 的程序能够正常运行，最终 i 的值为 11。

4.3 do…while 循环

如果 while 循环一开始的条件表达式为假，那么循环体不执行。然而，有时需要在开始条件表达式是假的情况下，执行一次循环体。换句话说，就是有时需要在一次循环结束后再测试是否中止条件表达式。为此，C#语言提供了 do…while 循环。do…while 循环至少执行一次循环体，因为其条件表达式在循环的结尾，除了这一点不同，它和 while 循环并没有什么不同。do…while 循环的语法格式如下。

```
do {
    …//循环体
} while(条件表达式);
```

do…while 循环先执行一次循环体，然后计算条件表达式。如果条件表达式为真，则循环继续，否则循环结束。与 while 循环一样，条件表达式必须是一个布尔表达式。do…while 循环的执行过程如图 4-2 所示。

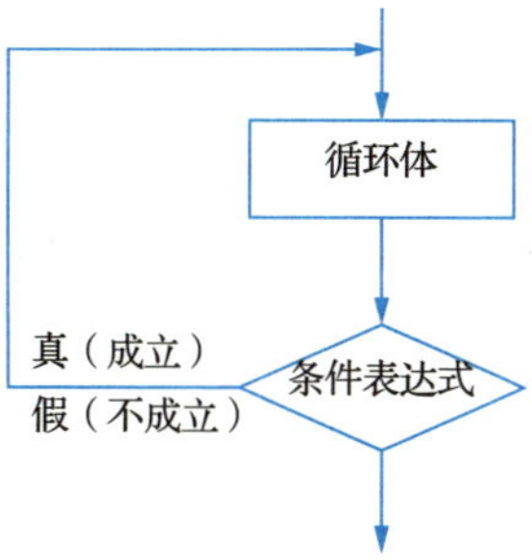

图 4-2　do…while 循环的执行过程

下面使用 do…while 循环求 1+2+…+100 的和。有经验的读者会马上想到采取高斯的计算公式［sum=(1+100)×50］的做法，但下面使用循环来实现，如例 4.4 所示。

例 4.4

```
public class DoWhileDemo
{
    public static void Main(string[] args)
    {
        int i = 1,sum = 0;     //初始化 sum 为 0
        do
        {
            sum = sum + i;     //累加
            i++;
        }while(i <= 100);          //条件
        Console.WriteLine("sum = " + sum);
    }
}
```

运行上述代码后输出“sum=5050”。变量 sum 用于存储累加和，将它初始化为 0，这很重要，然后在每一遍的循环中，它都加上 i，而 i 则每次都在被加后增加 1。最终，i 递增到 101，不再满足“i<=100”的条件，这个循环也就完成了任务。

假如，在例 4.4 中，i 的初始值为 200，很显然，如果采用 while 循环，则先进行条件判断，发现不成立后不进行循环，最终 sum 为 0；但如果采用 do…while 循环，则先执行循环体，sum 的值为 200，然后判断条件，发现不满足，退出循环，但 sum 的值已经是 200 了。下面再看一个简单的示例，如例 4.5 所示。

例 4.5

```
public class DuiBi
{
    public static void Main(string[] args)
    {
        int a = 0, b = 0;
        while(a > 0)
        {
            a--;
        }
        do
        {
            b--;
        }while(b > 0);
        Console.WriteLine("a = " + a);
        Console.WriteLine("b = " + b);
    }
}
```

对于 while 循环，变量 a 的初始值为 0，条件 a>0 显然不成立，所以循环体内的“a--;”语句未被执行。本段代码执行后，变量 a 的值仍为 0；对于 do…while 循环，尽管循环执行前，条件 b>0 一样不成立，但由于程序在运行到 do 时，并不先判断条件，而是直接先运行一遍循环体内的语句“b--;”，于是 b 的值变为-1。然后，程序才判断条件 b>0，发现条件不成立，循环结束。

> **小贴士**
>
> while 循环与 do…while 循环的区别如下：while 循环适用于先进行条件判断，再执行循环体的场景；do…while 循环则适用于先执行循环体，再进行条件判断的场景。
>
> 也就是说，对于 while 语句，如果条件不成立，则循环体一次都不会执行；而对于 do…while 语句，即使条件不成立，程序也至少会执行一次循环体。

在编程过程中要根据 while、do…while 语句各自的特点进行选择。

4.4 for 循环

4.4.1 基本用法

与 while、do…while 循环相似，for 循环也是反复执行一个代码块，直到满足一个指定的条件。区别在于，for 循环有一套内建的语法规定了如何初始化、递增及测试一个计数器的值。for 语句的语法格式如下。

```
for(初始化语句①; 条件语句②; 控制语句③)
{
    循环体④;
}
```

需要注意以下几点。

1）初始化语句用于设置变量的初始值。

2）条件语句是值为布尔型的表达式，称为循环条件。

3）控制语句的作用是更新变量值及改变循环的迭代条件。

4）语句①、语句②、语句③之间一定要使用分号进行隔开。

for 循环的执行过程如下。

1）当循环启动时，先执行其初始化语句部分。通常，这是设置循环控制变量值的一个表达式，作为控制循环的计数器。重要的是，要理解初始化语句仅被执行一次，后续循环就没有必要再执行了。

2）计算循环条件的值。循环条件必须是布尔表达式，它通常将初始化变量与目标值进行比较，如果这个表达式为真，则执行循环体；如果为假，则循环终止。

3）条件为真时执行循环体部分，然后执行控制语句，让初始化变量发生变化，接着再来测试条件。这个过程不断重复直到控制语句变为假，终止循环。for 循环的流程图如图 4-3 所示。

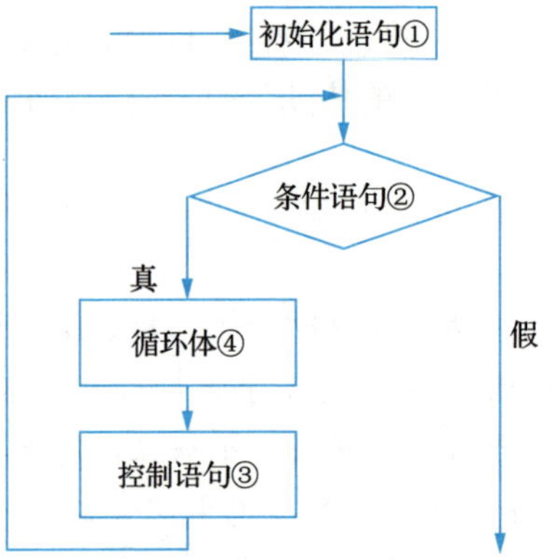

图 4-3　for 循环的流程图

可以看到程序的走势：由①进入循环，然后反复执行②④③，直至条件语句②为假。

下面使用 for 循环改写例 4.2 和例 4.4，如例 4.6 和例 4.7 所示，并查看 for 循环和 while 循环之间有什么区别。

例 4.6

```
public class ForDemo1
{
    public static void Main(string[] args)
    {
        int i = 3, j;
        for(j = 0; j < 5; j++)
        {
            Console.WriteLine(++i);
        }
    }
}
```

可以看到，使用 for 循环后，程序要比使用 while 循环更加简洁，初始化、递增和条件语句都在 for 循环语法内部，循环体内只保留需要做的事情。

例 4.7

```
public class ForDemo2
{
    public static void Main(string[] args)
    {
        int i, sum = 0;
        for(i = 1; i < 101; i++)
        {
            sum = sum + i;
        }
        Console.WriteLine("sum = " + sum);
    }
}
```

上述代码运行后，输出的结果仍然为“sum=5050”。

请对照 for 循环的流程图（图 4-3），对比 for 循环与 while、do…while 循环的区别，并分析例 4.6 和例 4.7，了解每次循环内部发生了什么，以及是怎样的一个流程。

4.4.2　逗号运算符

在 C#语言中，逗号“,”也可以是运算符，称为逗号运算符。逗号运算符可以把两个及以上的表达式连接成一个表达式，称为逗号表达式。其一般格式如下。

```
子表达式 1,子表达式 2,…,子表达式 n
```

例如：

```
int a, b, c = 0;
```

逗号运算符的优先级是所有运算符优选级中级别最低的，它可以配合 for 循环使用。逗号运算符保证左侧的子表达式运算结束后系统才进行右侧的子表达式的运算。也就是说，逗号运算符是一个序列点，其左侧所有表达式都结束后，系统才对其右侧的子表达式进行运算。逗号运算符的应用示例，如例 4.8 所示。

例 4.8

```
public class CommaDemo
{
    public static void Main(string[] args)
    {
        int a, b;
        for(a = 1, b = 4; a < b; a++, b--)
        {
            Console.Write("a = " + a);
            Console.WriteLine("\tb = " + b);
        }
    }
}
```

上述代码的运行结果如图 4-4 所示。

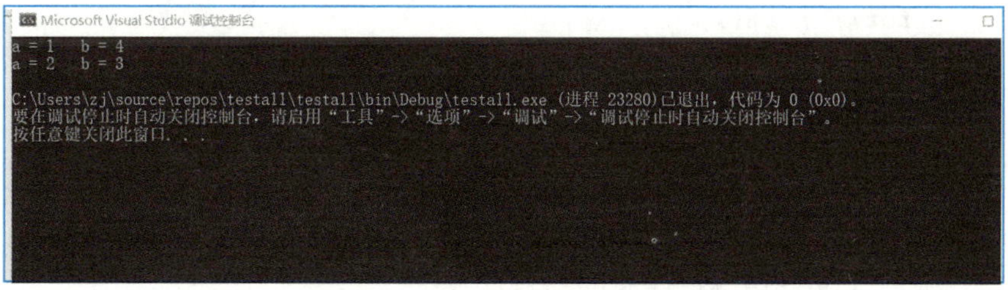

图 4-4　逗号运算符的运行结果

4.4.3 for 循环的变化

前面已经讨论了 for 循环的 3 个语句（初始化、条件、控制），这 3 个语句均可以省略，以此带来丰富的 for 循环变化。但需要注意的是，不管如何变化，3 个语句之间的两个分号不能省略，而且必须满足循环的 4 个要素。

1. 省略初始化语句

因为初始化语句只执行一次，所以可以在循环之前进行。例如，以下程序的输出结果为 0～9。

```
public class Test
{
    public static void Main(string[] args)
    {
        int i = 0;
        for (; i < 10; i++)
        {
            Console.WriteLine(i);
        }
    }
}
```

2. 省略条件语句

条件语句根据条件是否满足决定循环是否继续，所以如果不想让程序成为死循环，则必须要用条件语句来终止循环，但是，条件语句并不一定要出现在 for 循环语句内部。例如：

```
public class Test
{
    public static void Main(string[] args)
    {
        int i = 0;
        for(; ; i++)
        {
            if(i >= 10)
            {
                break;//break 用来终止循环
            }
            Console.WriteLine(i);
        }
    }
}
```

就像 switch 结构中的 break 可以终止某个分支一样，在 for 循环内使用 break，可以终止循环，break 后的语句不再执行。在本程序的每次循环过程中，由于 for 后面的括号中没有条件语句，所以直接转向循环体，在循环体内首先使用 if 语句判断 i 的值是否大于等于 10，如果为真，则退出循环；否则输出 i 的值。

小贴士

关于 break 的用法，将在项目 6 中进行详细的说明，此处只需要了解它能终止循环、break 后的语句不再执行即可。

思考：“2. 省略条件语句”中的程序能否写成例 4.9 所示的代码？

例 4.9

```
public class Test
{
    public static void Main(string[] args)
    {
        int i = 0;
        for(;; i++)
        {
            if(i < 10)
            {
                Console.WriteLine(i);
            }
        }
    }
}
```

3. 省略控制语句

控制语句也可以省略，放在循环体内部即可，不过要注意放的位置，如例 4.10 所示。

例 4.10

```
public class Test
{
    public static void Main(string[] args)
    {
        int i = 0; //①
        for(;;)
        {
            if(i >= 10)
            {
                break;
            }
            Console.WriteLine(i); //②
            i++; //③
```

```
        }
    }
}
```

思考：例 4.10 中①②③处的代码能不能互换？

综上所述，for 循环的每个语句均可以省略，只要灵活运用，for 循环就可以非常灵活。不过，不管如何变化，始终要注意循环的几个要素是不可缺少的。

4.5 常见问题

1. 死循环

死循环的原因有多种，但都会造成一个结果：程序持续运行，不停止。例如，以下程序忘记了对循环变量的值进行修改。

```
public class Test
{
    public static void Main(string[] args)
    {
        int i = 1;
        while(i<100)
        {
            Console.WriteLine("i = " + i);
        }
    }
}
```

i 的初始值为 1，满足条件进入循环体，但是循环体内并未对 i 的值进行改变，导致 i 一直满足条件，形成死循环。常见的死循环还有例 4.9。

2. 空循环

空循环是指循环体为空，初学者容易犯这种错误。代码如下。

```
public class Test
{
    public static void Main(string[] args)
    {
        int i = 1;
        for(;i<100;i++);
            Console.WriteLine("i = " + i);
    }
}
```

由于每条语句后都加了分号，此 for 循环成为空循环。如果每个 for 循环后都加大括号，则可以有效避免产生这种错误。

4.6 项目实战：编程实现ATM系统3次密码登录功能和循环展示菜单功能

4.6.1 实现 ATM 系统 3 次密码登录功能

任务描述

在实际的 ATM 上，用户插入银行卡后只有 3 次输入密码的机会。一旦 3 次密码都不正确，系统就将吞卡并告知用户在客服处凭有效证件取回银行卡。这里假定卡号为 9552018，密码为 888888。

任务分析

该功能需要使用项目 3 中的多重 if 分支语句判断登录是否正确；该功能新增的需求是，如何判断 3 次输入的密码是否正确并退出系统。

任务实施

1）打开控制台应用程序 MyATM。

2）修改 ATM 类的 Main 方法，代码如下。

```
int i = 0;
 while(i < 3)
 {
     Console.WriteLine("欢迎进入 ATM 系统");
     Console.WriteLine("\n 请输入您的卡号");
     int cardID = Convert.ToInt32(Console.ReadLine());

         if(cardID == 9552018)
         {
         while(true) {
             Console.WriteLine("\n 请输入您的密码");
             int cardPwd = Convert.ToInt32(Console.ReadLine());
             if(cardPwd != 888888)
             {
                 Console.WriteLine("密码错误，请重新输入");
```

```
                i++; //密码输入次数累计
            }
            else
            {
                Console.WriteLine("登录成功");
                Console.WriteLine("\n 主菜单: ");
                Console.WriteLine("\t 1-查询余额");
                Console.WriteLine("\t 2-提取现金");
                Console.WriteLine("\t 3-存款");
                Console.WriteLine("\t 4-退出");
                Console.WriteLine("\n 请输入选择: ");
            }
            if(i==3)
            {
                break;
            }
        }
    }
    else
        {
            Console.WriteLine("您的卡号不存在,请重新输入卡号");
            i++; //密码输入次数累计
        }
    }
}
```

3）运行此应用程序，结果如图 4-5 所示。

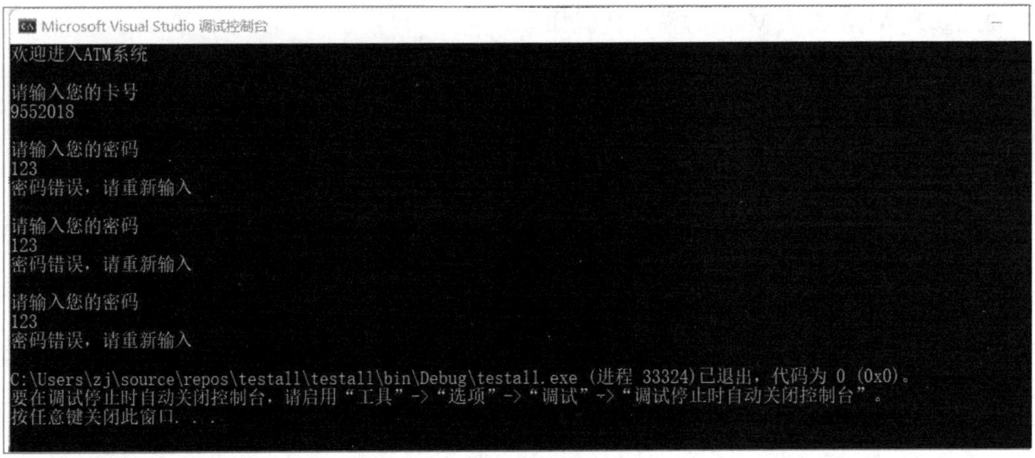

图 4-5　3 次密码登录的运行结果

4.6.2　实现 ATM 系统循环展示菜单功能

任务描述

在实际的 ATM 上，用户选择余额查询、取款等业务功能后都会显示系统菜单功能，而该功能不可能每个操作代码都复制一遍。请利用循环语句来实现该功能。

任务分析

1）用户在选择系统菜单功能时，可重复选择办理同一功能，且没有选择系统菜单功能次数的限制。

2）使用多重 if 分支语句判断用户选择的系统菜单功能。

任务实施

显示系统菜单功能后，编写以下程序代码。

```
while(true) //登录成功并显示系统菜单功能后,使用无限循环输入选择的系统菜单功能
{
    Console.WriteLine("\n 请输入选择:");
    int num = Convert.ToInt32(Console.ReadLine());
    if(num==1)//输入系统菜单功能序号后,使用多重 if 语句判断用户选择的系统菜单功能
    {
          …//编写查询余额的功能代码
    }
    else if(num==2)
    {
          …//编写提取现金的功能代码
    }
    else if(num==3)
    {
          …//编写存款的功能代码
    }
    else if(num==4)
    {
      break;
    }
    …
}
```

项目自测

编程题

1．编写一个程序，定义一个数组用于接收用户输入的 10 个数，查找用户输入的某个数字在数组中的位置并输出，如果没有找到，则输出“没有找到该数字！”。

【提示】声明一个数组，接收 10 个数字；接收用户要查找的数字；查找并输出。

【参考代码】新建一个控制台应用程序项目，在项目源代码文件中添加如下代码并编译运行。

```
using System;
using System.Collections.Generic;
using System.Text;
namespace Demo
{
    //<summary>
    //在组数中查找数据
    //</summary>
    class Program
    {
        static void Main(string[] args)
        {
            int[] arr = new int[10];
            for(int i = 0; i < 10; i++)
            {
                Console.WriteLine("请输入第{0}个数字",i+1);
                arr[i] = int.Parse(Console.ReadLine());
            }
            //输入要查找的数字
            int search;
            //存储数组的下标,赋值为10,表明一开始默认没有该数字
            int count = 10;
            Console.WriteLine("输入你要查找的数字:");
            search = int.Parse(Console.ReadLine());
            //开始查找,循环比较,如果找到,则立即退出循环
            for(int i = 0; i < 10; i++)
            {
                if(arr[i] == search)
                {
                    count = i;
```

```
                break;
            }
        }
        if(count < 10)
        {
            Console.WriteLine("找到了,该数字在数组的第{0}个位置", count + 1);
        }
        else
        {
            Console.WriteLine("没有找到该数字!");
        }
    }
}
```

2．编写一个程序，用于接收排好序的 10 个数字，向数组中添加数据，添加数据后，数组中的数字仍然是有序的。

【分析】声明数组并接收数据；找到合适的插入位置；把该位置后面的数据依次向后移动一个位置。

5 项目

ATM 系统账户管理模块

项目导读

在程序设计中，为了处理方便，常常把具有相同类型的若干变量按有序的形式组织起来，这些同类数据元素的集合称为数组。数组是 C#语言中的一种基本的变量数据类型，有着非常重要的作用。当程序需要处理大量的数据时，使用数组来存储要处理的数据将非常高效。

本项目详细讲解了数组的定义、赋值及其基本用法。因为数组经常用于编程，基于数组的特性，数组和循环结合使用的情况特别多，所以应当着重加强数组和循环的综合应用技能的训练。

视频：ATM 系统账户管理模块（一）

视频：ATM 系统账户管理模块（二）

学习目标

- 掌握一维数组的定义与使用方法。
- 了解二维数组的定义与使用方法。
- 能使用 Arrays 对数组进行操作。
- 能编程实现 ATM 系统账户存储与查询功能。
- 强化计算思维和规范意识，全面提升工程素养。

5.1 数组概述

在了解数组之前，先来解决一个问题。

【问题】某校教师每次考试都需要对所在班级的学生成绩进行统计分析，用人工方法计算费时费力且容易出错。现在希望能使用 C#语言编写一个程序来输入学生成绩，并且统计出平均成绩。

【分析】使用变量保存每位学生单门课程的分数，然后对所有学生的成绩求和，再除以班级总人数，就可以得到这门课程的平均分。

假设每班有 30 位学生，实现程序的代码如下。

```
public static void Main(string[] args)
{
    float  avg; //保存平均分
    //开始保存学生成绩
    float  score1 = 90.5f;
    float  score2 = 83f;
    …//继续给其他学生成绩赋值
    float  score30 = 81f;
    avg = (score1 + score2 + … + score30) / 30; //计算平均成绩
    Console.WriteLine(avg);
}
```

可以看到，如果一个班级有 30 位学生，那么此程序需要定义 30 个变量，用来保存学生的成绩。程序中变量的定义、赋值会花费大量的精力和篇幅，不仅用于求和的表达式很长，而且难以编写。这里只是需要定义 30 个变量，如果要统计整个年级的平均成绩，岂不是要定义更多的变量用来保存学生成绩？这样将花费大量的时间去编写变量定义的程序。

当碰到这类需要定义大量的变量来保存相同类型的数据时，使用数组可以大大简化程序，而且效率非常高。

5.2 数组的声明

数组是为了解决同类数据整合摆放而提出的，可以理解为一组具有相同类型的变量的集合，它的每个元素具有相同的数据类型。数组分为一维数组和多维数组，可以用一个统一的数组名和下标来唯一地确定其中的元素。

C#语言中定义一维数组的语法格式如下。

```
<data_type> [] <array_name>;
```

或

```
<data_type> <array_name> [];
```

其中，data_type 表示数组的数据类型，array_name 表示数组的名称。

例如，定义保存学生成绩的数组的语法格式如下。

```
float[] scores;
```

或

```
float scores[];
```

虽然说这两种写法都没有错误，但是按照 C#语言的编程习惯，推荐采用第一种写法，即把中括号放在数据类型和变量名的中间。

这看似简单，但其实在声明数组时，初学者还是很容易犯错误的，要注意以下几点。

1）数组的类型实际上是指数组元素的取值类型。对于同一个数组，其所有元素的数据类型都是相同的。

2）数组名的书写规则应符合标识符的书写规定。

3）数组名不能与其他变量名相同。例如：

```
public static void Main(string[] args)
{
    int a;
    float[] a;
}
```

这样书写是错误的。

4）在数组声明中包含数组长度是不合法的，如“int[5] arr;”是错误的。因为，声明时并没有实例化任何对象（未分配空间），只有在实例化数组对象时，系统才分配空间，这时才与长度有关。

数组声明后，并不能直接使用，原因是此时并未给数组分配空间，自然也就无从谈起数组的某个元素了。为了能够使用数组，在声明后还应该对其进行初始化。

5.3 数组的初始化

在数组声明后，因其元素尚未存在，并不能立即使用，此时必须要给它分配内存，初始化以后才可以使用。对数组进行初始化的方法有两种。

5.3.1 静态初始化

静态初始化的方式是在声明数组变量的同时进行的。这种方式不仅定义了数组中包含的元素的数量，而且指定了每个元素的值。

例如，对保存学生成绩的数组进行初始化：

```
float[] scores = {93.5, 83, 61, 80};
```

这条语句声明数组名为 scores，数组元素的数据类型为浮点型，共 4 个初始值，故数组元素的个数为 4。这样一个语句为 C#语言提供了所需要的全部信息，系统为这个数组分配了 4×4 共 16 字节的空间，即一次定义并对 4 个 float 类型的变量赋值，编码效率得到了提升。

当然，可以定义其他类型的数组。例如：

```
int[]  arr = {0, 1, 2, 3, 4, 5};
string[] names = {"Tom", "Toraji", "Jack", "John"};
```

arr 数组包含 6 个 int 类型的变量，而 names 数组包含 4 个 string 类型的变量，如图 5-1 所示。

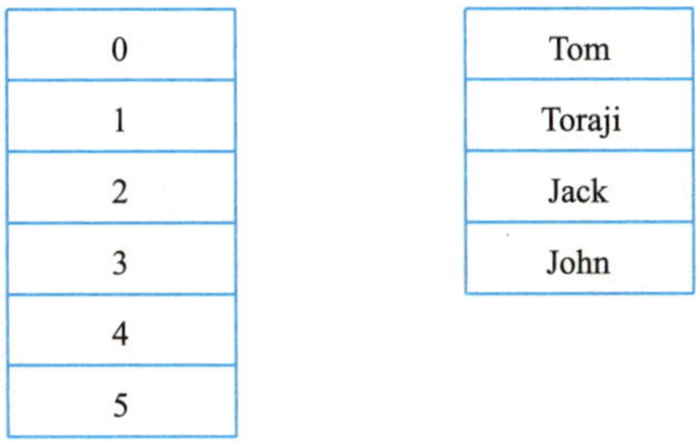

图 5-1　arr 和 names 数组的初始化

静态初始化应该在一条语句内完成，不能分开写。以下写法是错误的。

```
int[] arr;
arr = {1, 2, 3, 4, 5}; //错误的写法
```

5.3.2　动态初始化

静态初始化的方式在声明数组时就必须定义数组的大小，以及每个元素的初始值。如果要定义的数组长度或数组数据只有在运行时才能决定，那么就要使用动态初始化方式。例如：

```
int[]  arr;
arr = new int[10];
char[] c = new char[100];
int[] arr = new int[]{1, 2, 3, 4};
```

C#语言使用 new 运算符来为数组分配内存空间，声明与初始化语句分开写时，两条语句中的数组名、类型标识符必须一致。

动态初始化数组时也可以使用变量的值来定义数组大小，如下。

```
int[]  arr;
int length = 10;
arr = new int[Length];
```

这里 arr 数组就包含了 10 个元素。

> **小贴士**
>
> 使用变量定义数组大小时，中括号内只能使用整型（int、short）的变量。

5.4　数组的使用

数组完成声明与初始化后，就可以使用了，通过数组名与下标来引用数组中的每一个元素。使用一维数组元素的语法格式如下。

```
数组名[数组下标]
```

其中，数组名是经过声明和初始化的标识符；数组下标是指元素在数组中的位置，由于数组中的元素在内存中是连续存放的，从第一个元素开始编号，第一个元素的编号为 0，第二个元素的编号为 1，以此类推，因此数组下标的取值范围是 0～(数组长度-1)，下标值可以是整型常量或整型变量表达式。例如，在有了“int[] a=new int[10];”声明语句后，下面的语句是合法的。

```
a[3]=25;
a[3+6]=90;
Console.WriteLine(a[0]);
```

但对于“a[10]=8;”，系统会报错。这是因为 C#语言为了保证安全性，要对引用时数组元素的下标是否越界进行检查。这里的数组 a 在初始化时确定其长度为 10，下标从 0 开始到 9 正好 10 个元素，因此，不存在下标为 10 的数组元素 a[10]。

在实际应用中，当使用数组时，考虑到数组下标的连续性，通常会使用循环来处理数组的元素，如例 5.1 所示。

例 5.1

```
public class ArrayDemo1
{
    public static void Main(string[] args)
    {
        int[] scores; //声明数组
        scores = new int[5]; //初始化
        //赋值
        scores[0] = 78;
        scores[1] = 69;
        scores[2] = 80;
        scores[3] = 55;
        scores[4] = 92;
        //使用数组,输出所有学生的分数
        int i = 0;
        for(;i<5;i++)
        {
            Console.WriteLine("student "+(i+1)+"'s score is " + scores[i] );
        }
    }
}
```

上述程序首先声明了一个整型数组；紧接着对数组进行初始化，分配了内存空间，指定数组元素个数为 5，然后，对数组元素进行赋值，要注意下标的变化；最后，使用循环引用数组下标，把 5 个元素一一输出，程序的运行结果如图 5-2 所示。可以看到，通过循环，可以快速地访问数组中的每个元素。

图 5-2　运行结果

5.5 使用 length 属性测定数组长度

如果创建的数组是根据变量来创建的，那么如何知道数组中包含了多少个元素呢？数组提供了一个 length 属性，通过 length 属性可以知道数组中元素的个数。其语法格式如下。

```
数组名.length
```

例如，例 5.2 中对各种类型的数组进行了测试。

例 5.2

```
public class ArrayDemo2
{
    public static void Main(string[] arg)
    {
        int i;
        double[] a1;
        char[] a2;
        a1 = new double[8]; //为 a1 分配 8 个 double 型元素的存储空间(64 字节)
        a2 = new char[8]; //为 a2 分配 8 个 char 型元素的存储空间(16 字节)
        int[] a3 = new int[8]; //声明的同时初始化,为 a3 分配 32 字节的存储空间
        byte[] a4 = new byte[8];
        //在声明数组时初始化数组,为 a4 分配 8 字节的存储空间
        char a5 = {'A', 'B', 'C', 'D', 'E', 'F', 'H', 'I'};//直接指定初值
        //下面测定各条语句数组的长度
        Console.WriteLine("a1.Length=" + a1.Length);
        Console.WriteLine("a2.Length=" + a2.Length);
        Console.WriteLine("a3.Length=" + a3.Length);
        Console.WriteLine("a4.Length=" + a4.Length);
        Console.WriteLine("a5.Length=" + a5.ToString().Length);
        //以下各语句引用数组中的每一个元素,为各元素赋值
        for(i = 0; i < a1.Length; i++)
        {
            a1[i] = 100.0 + i;
```

```
            }
            for(i = 0; i < a2.Length; i++)
            {
                a2[i] = (char) (i + 97); //将整型转换为字符型
            }
            for(i = 0; i < a3.Length; i++)
            {
                a3[i] = i;
            }
            //下面输出各数组元素
            Console.WriteLine("\ta1\ta2\ta3\ta4\ta5");
            Console.WriteLine("\tdouble\tchar\tint\tbyte\tchar");
            for(i = 0; i < 8;  i++)
                Console.WriteLine("\t" + a1[i] + "\t" + a2[i] + "\t" + a3[i]
                        + "\t" + a4[i] + "\t" + a5[i]);
        }
    }
```

上述程序定义了 5 个一维数组，它们的元素个数均是 8 个，程序使用了 length 属性和循环对 a1、a2、a3 数组元素进行赋值，然后又分别输出每个元素的值。

5.6 二维数组

前面介绍的数组只有一个下标，称为一维数组，其数组元素也称为单下标变量。在实际问题中有很多数据是二维的或多维的。例如，某个小组有 5 位学员，每位学员有 3 门课程的成绩，那么如何编写程序统计这些数据呢？很显然，这时一维数组就不能胜任了。这时就需要用到二维数组或更多维数的数组，本节只简单讨论二维数组的情况。

与一维数组相同，二维数组也是有序数据的集合，数组中的每个元素具有相同的数据类型。可以把二维数组理解为一维数组的集合。

声明二维数组的语法格式如下。

```
<datatype>[][] <array_name>;
```

其中，datatype 表示二维数组的数据类型，array_name 表示二维数组的名称。例如：

```
float[][] stu_scores;
```

同样，二维数组声明后也需要进行初始化才能使用。要注意，多维数组的定义，至少要指定第一维的维数。例如，以下 3 种写法都是正确的。

```
stu_scores = new float[5][3]; //5 个组,每组 3 位学员,后赋值
stu_scores = new float[5][];
```

或使用静态初始化直接赋值，如下。

```
float[][] stu_scores = {
{92, 80, 78},
{65, 64, 71},
{68, 72, 80},
{77, 64, 65},
{56, 43, 49}};
```

二维数组的存储示意图如图 5-3 所示。

	第一门课	第二门课	第三门课
学员1 →	92	80	78
学员2 →	65	64	71
学员3 →	68	72	80
学员4 →	77	64	65
学员5 →	56	43	49

图 5-3　二维数组的存储示意图

同一维数组一样，可以使用下标访问二维数组中的每个元素。二维数组通过两个表示不同维度的下标来表示数组中的元素。

要注意，在 C#语言中，二维数组可以是不规则的。例如：

```
//二维数组,共包含 3 个一维数组
int[][] arr = new int[3][];
arr[0] = new int[2]; //第一个一维数组中有 2 个元素
arr[1] = new int[3]; //第二个一维数组中有 3 个元素
arr[2] = new int[4]; //第三个一维数组中有 4 个元素
//赋值
arr[0][0] = 1;
arr[0][1] = 2;
arr[1][0] = 3;
arr[1][1] = 4;
arr[1][2] = 5;
…
```

二维数组的存储结构示意图如图 5-4 所示。

下面给出二维数组的用法示例。

【问题】对于一个 5×5 的矩阵，将 1～25 依次存入，求矩阵中心的数值。

【分析】定义一个二维数组，将 1～25 依次存入，取出第 3 行第 3 列的元素值即可。

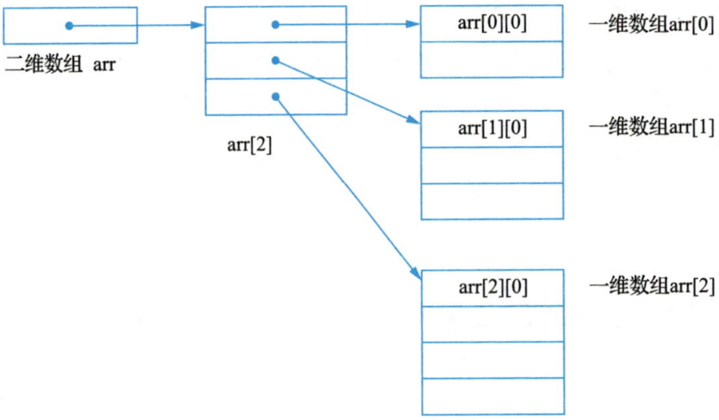

图 5-4　二维数组的存储结构示意图

参考代码如例 5.3 所示。

例 5.3

```
public class ArrayDemo3
{
    public static void Main(string[] args)
    {
        int n = 1;
        int[][] arr = new int[5][5]; //声明二维数组
        //将 1～25 依次存入数组
        for(int i = 0; i < arr.length; i++)
        {
            for(int j = 0; j < arr[i].length; j++)
            {
                arr[i][j] = n;
                n++;
            }
        }
        //输出矩形中心的值,下标为 2、2,数值为 13
        Console.WriteLine("矩形中心值是:" + arr[2][2]);
    }
}
```

5.7 常见应用

数组的高效性及适合与循环合作的特性，使数组能够处理很多复杂问题。在计算机基础课程中，曾经介绍过常见的一些算法及其解答思路。其中提到了求最大值、最小值、平均值，查找数据、对一组数据进行排序等。但当时只是初步介绍了这些算法的基本实现过程，本节就尝试使用 C#语言的方式解决这些问题。当然，更多的应用还需要在编程中逐渐积累，并加以总结。

5.7.1　求最大值（最小值）

【问题】输入 5 位学员的年龄，求出学员的最大（最小）年龄。

【分析】为了存储 5 位学员的年龄，可以使用 5 个变量分别存储。当然，最好的办法是定义一个数组进行存储（int[] ages = new int[5];），通过循环接收这些年龄。为了求出最大年龄，首先定义一个变量（int max_age）存储最大年龄。现在假定第 1 位学员的年龄是最大的，即 max_age=age[0]，然后将第 2 位学员的年龄和 max_age 进行对比，如果比 max_age 大，则把 max_age 存储的内容换为 age[1]，否则不变。然后依次将后续各位学员的年龄和 max_age 进行对比，只要比 max_age 大，就更新 max_age，直到最后一个年龄。所以最终 max_age 内存放的就是全部年龄的最大值。

参考代码如例 5.4 所示。

例 5.4

```
public class MaxAgeDemo
{
    public static void Main(string[] args)
    {
            int[] ages = new int[5];     //存储 5 位学员的年龄
            int max_age;                 //用来存储最大年龄
            int i = 0;
            //输入年龄
            Console.WriteLine("请输入 5 位学员的年龄!");
            for(; i < ages.Length; i++)
            {
                Console.Write("第" + (i + 1) + "位学员:");
                ages[i] = Convert.ToInt32(Console.ReadLine());
            }
            //计算最大年龄,首先假定第 1 位学员的年龄是最大的
            max_age = ages[0];
            //从第 2 位开始比较,i 的初始值为 1
            for(i = 1; i < ages.Length; i++)
            {
                //若比当前最大值大,则替换
                if(ages[i] > max_age)
                {
                    max_age = ages[i];
                }
            }
            Console.WriteLine("最大年龄为:" + max_age);
        }
}
```

程序编译并运行后，结果如图 5-5 所示。

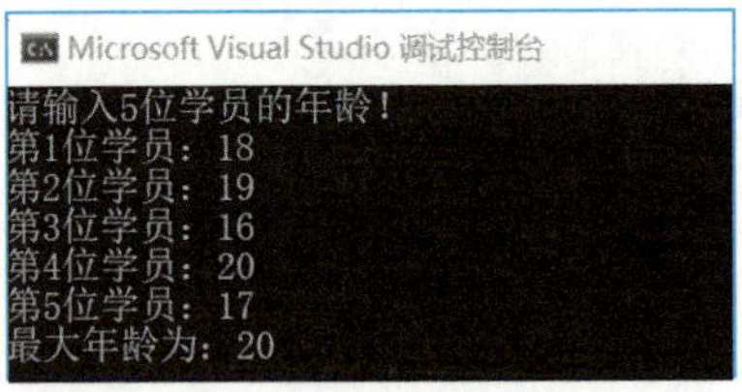

图 5-5　例 5.4 的运行结果

例 5.4 使用了两次循环，一次用来给数组赋值，一次用来对数组求最大值。当然，知道如何求最大值后，求最小值及数据查找的问题也就迎刃而解了。请读者自己动手尝试。

5.7.2　求平均值

问题：求出例 5.4 中 5 位学员的平均年龄。

分析：求一组数的平均值，首先需要把这组数累加，然后除以个数。

参考代码如下。

```
int avg_age ;                //平均年龄
int sum_age = 0;             //年龄总和,注意一定要赋初值为 0
for(i = 0; i < ages.Length; i++)
{
    sum_age += ages[i];      //累加年龄
}
avg_age = sum_age/ages.Length;
Console.WriteLine("平均年龄为:"+avg_age);
```

5.7.3　对数组进行排序

数组的排序算法有很多，如冒泡排序、快速排序、选择排序等，可谓是学习算法、理解程序逻辑的绝佳素材，但限于篇幅，本节不再详细讨论这些算法，大家根据相关素材进行练习即可。

微软公司在 C#语言中已经提供了对数组进行排序的算法，大家一定还记得 Scanner 这个类，其实这只是 C#语言中众多支持类中的一个而已。下面介绍另一个实用类——Arrays。

在 C#语言编程世界中，为了方便程序设计人员的开发，微软公司编写了很多开发中常用的支持类，按照功能的划分，分别放在不同的文件夹（专业术语称为“命名空间”）中，开发人员可以直接使用，不需要再编写。很显然，这种设计极大地节约了开发人员的精力，提高了开发效率。

Arrays 类就是 C#语言集合中专门用来操作数组的一个类，其中包含排序和搜索等功能，使用方法很简单，只需要把要操作的数组交给 Arrays 就可以了。

下面来看 Arrays 类是如何对数组进行排序的，如例 5.5 所示，我们对学员年龄进行排序。

例 5.5

```
public class ArraysDemo
{
    public static void Main(string[] args)
    {
        int[] ages = new int[5]; //存储 5 位学员的年龄
        int i = 0;
        //输入年龄
        Console.WriteLine("请输入 5 位学员的年龄!");
        for(; i < ages.Length; i++)
        {
            System.out.print("第"+(i+1)+"位学员:");
            ages[i] = Convert.ToInt32(Console.ReadLine());
        }
        //开始排序
        Arrays.sort(ages);
        //排序后的结果
        Console.WriteLine("排序后结果:");
        for(i = 0; i < ages.Length; i++)
        {
            Console.WriteLine(ages[i]);
        }
    }
}
```

程序编译并运行后，结果如图 5-6 所示。

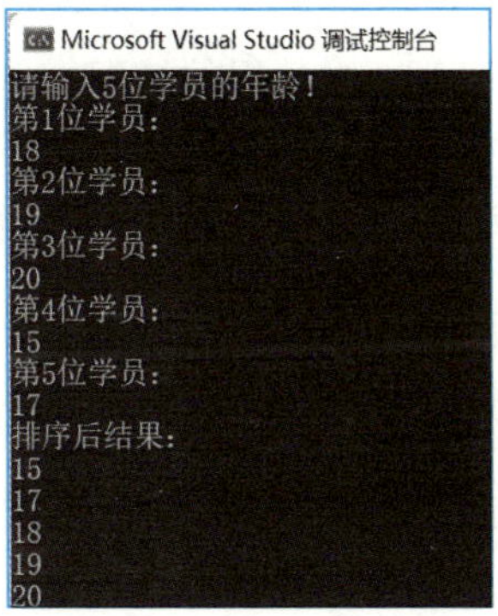

图 5-6　例 5.5 的运行结果

5.8 常见问题

1. 声明、初始化错误

数组声明、初始化时，很容易发生以下错误。

```
public class Question0
{
    public static void Main(string[] args)
    {
        //错误写法 1
        int[] arr1;
        arr1 = {1, 2, 3, 4};
        //错误写法 2
        int[] arr2;
        arr2[0] = 1;
        arr2[1] = 2;
        //错误写法 3
        int[3] arr3;
        //错误写法 4
        char[] c = new char[2]{'a', 'b'};
        //错误写法 5
        int[] arr5 = {'a' , 1 , "b"}
        …
    }
}
```

可以看到，上例只是列举了部分一维数组的情况，错误就已经令人眼花缭乱。那么怎样才能快速且正确地使用数组呢？很简单，错误的路途很多，但正确的路途只有一个。只要牢记正确的道路，远离错误的道路，这个问题自然就迎刃而解了。

2. 下标越界

下标越界是数组操作中常见的错误之一。因为C#语言数组中下标是从0开始的，所以最后一个元素的下标应为“元素个数-1”。例如：

```
public class Question1
{
    public static void Main(string[] args)
    {
        //定义一个整型数组,长度为 3
        int[] a = new int[3];
```

```
            int i;
            //赋值
            a[1] = 1;
            a[2] = 2;
            a[3] = 3;
            //循环输出数组元素的值
            for(i = 1; i < 4; i++)
            {
                Console.WriteLine(a[i]);
            }
        }
    }
```

上述代码中一共 3 个元素，下标应该是从 0 到 2，但上述代码中是从 1 到 3，结果发生了错误。本例中，IDE 报告的错误如下。

```
    Exception in thread "Main" C#.lang.ArrayIndexOutOfBoundsException: 3 at
Question1.Main
    (Question1.C#:14)
```

其中，ArrayIndexOutOfBoundsException 表示数组下标越界异常。

5.9 项目实战：编程实现 ATM 系统账户的存储与查询功能

任务描述

在 ATM 管理系统中，用户新开的存储卡号是系统定义而非用户自己创建的，系统可以使用数组存储一系列的卡号，用户每次登录时系统从数组中查询该卡号是否存在。

任务分析

要实现上述功能，首先声明银行卡号数组，存储一系列数据，然后从系统中查询账户是否存在。

任务实施

1）新建一个名称为 MyATM 的控制台应用程序。

2）添加一个 ATM 类，添加的代码如下。

```
class ATM
{
    public static void Main(string[] args)
    {
        int[] Account = {9552015, 9552016, 9552016, 9552018};
        Console.WriteLine("欢迎进入ATM系统");
        Console.WriteLine("\n请输入您的卡号");
        int userAccount = Convert.ToInt32(Console.ReadLine());
        bool bl = false;
        for(int i = 0; i < Account.Length; i++)
        {
            if(userAccount == Account[i])
            {
                Console.WriteLine("卡号正确");
                bl = true;
                break;
            }
        }
        if(bl == false)
        {
            Console.WriteLine("温馨提示:卡号存在异常,请联系发卡行");
        }
    }
}
```

3）修改Main方法，代码如下。

```
class ATM
{
    static void Main(string[] args)
    {
        int[] Account={9552015,9552016,9552017,9552018}; //声明银行卡号数组
        Console.WriteLine("欢迎进入ATM系统");
        Console.WriteLine("\n请输入您的卡号");
        int userAccount=Convert.ToInt32(Console.ReadLine());
        bool bl=false;
        for(int i=0;i<Account.Length;i++)
        {
            if(userAccount==Account[i])
            {
                Console.WriteLine("卡号正确");
                bl=true;
                break;
            }
```

```
            }
            if(bl==false)
            {
                Console.WriteLine("温馨提示:卡号存在异常,请联系发卡行");
            }
        }
    }
```

4）运行此应用程序，结果如图 5-7 所示。

Microsoft Visual Studio
请输入您的卡号
9552018
卡号正确

图 5-7　验证账号

项 目 自 测

一、选择题

1．在 C#语言中定义一个数组，正确的代码为（　　）。

A．int arraya=new int[5];

B．int[] arraya=new int[5];

C．int arraya=new int[];

D．int[5] arraya=new int;

2．在 C#语言中，（　　）变量名是正确的。

A．$34

B．45b

C．a_3

D．int

3．以下描述正确的是（　　）。

A．C#语言是一种面向对象的开发语言，而 Java 不是

B．C#语言项目编译后的可执行文件的扩展名为.exe

C．C#语言 Main 方法中的 M 首字母不一定要大写

D．基本数据类型的变量，其内容为引用，即地址

4．下列描述正确的是（　　）。

A．命名空间应该包含在类中

B．每个类都是为了完成一个独立的功能

C．一个资源解决方案只能包含一个项目

D．C#语言源程序的扩展名是.cs

5．下列数组定义并初始化正确的是（　　）。

A．int arr1[]=new int[3];

B．int[] arr2=new int[3]{1,2};

C．string[] arr3; arr3=new string[3]{"I","like","C#"};

D．int[] arr1=new int[3]{};

6．下列选项中，（　　）是引用类型。

A．enum 类型

B．struct 类型

C．string 类型

D．int 类型

7．C#语言的数据类型有（　　）。

A．值类型和调用类型

B．值类型和引用类型

C．引用类型和关系类型

D．关系类型和调用类型

二、简答题

1．“string str;”“string str="";”“string str=null;”三者之间有什么区别？

2．string 和 StringBuilder 有什么区别？在什么情况下使用 StringBuilder？

三、编程题

1．根据班级人数创建一个数组，要求每个人的姓名都要放进去。

【参考代码】

```
Console.Write("请输入班级人数：");
int n = int.Parse(Console.ReadLine());
string[] name = new string[n];
for(int i = 0; i < n; i++)
    {
        Console.Write("请输入第{0}个人的姓名：", i + 1);
        name[i] = Console.ReadLine();
    }
    Console.WriteLine("输入完毕，请按 Enter 键查看！");
    Console.ReadLine();
    Console.WriteLine();
    for(int i = 0; i < n; i++)
    {
        Console.Write(name[i] + "\t");
    }
```

```
    Console.ReadLine();
```

2. 从控制台输入班级人数并将每个人的年龄放入数组中，然后将所有人的年龄求总和、平均年龄、年龄最大。

【参考代码】

```
Console.Write("请输入班级人数：");
int n = int.Parse(Console.ReadLine());
int[] age = new int[n];
int sum = 0;
for(int i = 0; i < n; i++)
{
    Console.Write("请输入第{0}个人的年龄：", i + 1);
    age[i] = int.Parse(Console.ReadLine());
    sum += age[i];
}
Console.WriteLine("年龄总和为："+sum);
Console.WriteLine("平均年龄为："+(sum / n));
Console.ReadLine();int agemax = 0;
for(int i = 0; i < n; i++)
{
    if(agemax < age[i]){agemax = age[i];
}
Console.WriteLine("最大年龄是：" + agemax);
Console.ReadLine();
```

3. 2018 年 8 月份轿车品牌月度销售排行榜（前 10 名）如表 5-1 所示，请使用数组保存品牌名称、销售数量、市场占有率等信息，并计算出该月销售总量和市场总占有率。

表 5-1　2018 年 8 月份轿车品牌月度销售排行榜（前 10 名）

排名	品牌名称	销售数量/辆	市场占有率/%
1	捷达	18927	5.49
2	雅阁	14437	4.19
3	桑塔纳	12622	3.66
4	凯越	12336	3.58
5	卡罗拉	11657	3.38
6	比亚迪 F3	10579	3.07
7	凯美瑞	10165	2.95
8	雪佛兰乐风	8316	2.41
9	奥迪 A6L	7866	2.28
10	福克斯	7751	2.25

【提示】根据题意可知，需要 3 个数组来保存数据。对于品牌名称，需要使用字符串数组；对于销售数量，可以使用整型数组；对于市场占有率，由于是小数，可以使用浮点型

数组。

首先定义数组，给数组赋值后，输出这些信息，然后通过计算得出并输出前 10 名销售总数和市场占有率。

【参考代码】建立 C#语言文件 CarSellDemo.cs，编写如下代码。

```
    public class CarSellDemo
    {
        public static void Main(string[] args)
        {
            //定义 3 个数组,分别保存前 10 名的品牌、销量、市场占有率
            string[] carNames = {"捷达","雅阁","桑塔纳","凯越","卡罗拉",
                            "比亚迪 F3","凯美瑞","雪佛兰乐风","奥迪 A6L","福克斯"};
        int[] cellCounts ={18927,14437,12622,12336,11657,10579,10165,8316,
7866,7751};
        float[] ratios = {5.49f,4.19f,3.66f,3.58f,3.38f,3.07f,2.95f,2.41f,
2.28f,2.25f};

            //输出销售情况表
            int i;
            Console.WriteLine("排名\t\t 品牌\t\t 销量\t\t 市场占有率");
            for(i = 0; i < carNames.Length;i++)
            {
                Console.WriteLine((i+1)+"\t\t"+carNames[i]+"\t\t"+
cellCounts[i]+"\t\t"+ratios[i]);
            }
            //横线
            Console.WriteLine("----------------------------------------");
            //计算总销售量、总占有率
            int count = 0;
            float ratio = 0.0f;
            for(i = 0; i < cellCounts.Length; i++)
            {
                count = count + cellCounts[i];
                ratio = ratio + ratios[i];
            }
            //输出
            Console.WriteLine("前 10 名总销售数量:"+count);
            Console.WriteLine("前 10 名总市场占有率"+(int)(ratio*100)/100.0+
"%");
        }
    }
```

在输出市场占有率时，使用了“(int)(ratio*100)/100.0”，目的是去除 C#语言处理时多

余的小数位。

4．某个班级的分数保存在数组中，查看该班级中有没有得满分（100 分）的学生。

【提示】这需要用到查找算法，查找算法从数组中的第一个元素开始，依次与要查找的值进行比较，如果两者相等，则说明数组中包含这个数。如果找到数组中的最后一个数，依然没有相对应的值，则证明该数组中不包含所查找的值。

【参考代码】建立 C#语言文件 Marks.cs，编写如下代码。

```
public class Marks
{
    public static void Main(string[] args)
    {
        //要查找的数组
        int[] scores = {80, 69, 56, 75, 88, 99, 100, 25, 69, 81, 100, 98};
        int n = 100; //要查找的数

        //表示是否找到指定的数
        bool bFound = false;
        for(int i = 0; i < scores.Length; i++)
        {
            if(scores[i] == n)
            {
                //在数组中找到了满分,不需要再继续查找,终止循环
                bFound = true;
                break;
            }
        }
        if(bFound)
        {
            Console.WriteLine("有满分人员");
        }
        else
        {
            Console.WriteLine("无满分人员");
        }
    }
}
```

程序对数组进行循环，在循环的过程中，不断让满分 100 和数组中的元素进行对比。首先定义一个布尔值变量，赋值为 false，如果发现条件相符，则证明找到这个数字，把布尔变量修改为 true，这时就不需要再继续往后找了，循环终止。如果循环到结束的时候依然没有找到，即条件从来没有满足过，则布尔变量的值一直是 false，所以在程序最后对变量进行判断，如果是真，则证明找到；否则证明没有要找的数字。

5．有如下 5×5 的矩阵，求出矩阵两条对角线上的数字之和。

1	2	3	4	5
6	7	8	9	10
11	12	13	14	15
16	17	18	19	20
21	22	23	24	25

【提示】需要定义 5×5 的二维数组，使用循环将矩阵数据填充到数组中。可以根据对角线满足的规律，找出在对角线上的所有元素，并进行累加。要注意：位于中心上的数字，同时位于两条对角线上，有可能被累加两次，所以遇到这种情况时，需要减去重复的一个数字。

项目 6

ATM 系统存取款业务流模块

项目导读

通过项目 1～项目 5 的学习，我们基本上把 C#语言基础部分的内容掌握了，其中涉及C#语言的数据类型、C#语言的开发过程、运算符和表达式、分支结构、循环结构，以及数组。这些内容是 C#语言及其他语言开发过程中必不可少的一部分。可以说，前 5 个项目是大部分语言的编程基础，是各种语言的公共部分。本项目将继续深入介绍 C#语言编程的核心内容。

学习目标

- 掌握方法及方法带参数功能的使用。
- 能编程实现 ATM 系统用户余额查询功能和取款功能。
- 培养团队意识，增强沟通能力和问题分析能力。

6.1 方法概述

“方法”一词来源于生活，反映到计算机编程中，指的是某个问题的处理方式，如 Main 方法是解决所有问题的主干道，C#语言程序总是从 Main 方法开始执行。之前我们在编写程序的时候，都是把所有代码放在 Main 方法中，也就是说，把解决问题的步骤全部都放在了一起。那么，这样做好不好呢？

诚然，假如一个问题很简单，如只是输出某些信息、进行简单的计算等，那么全部放在 Main 方法中倒也无可厚非。然而，程序员处理的问题，往往并不是如此简单，在大部分情况下，程序员需要面对异常复杂的对象。例如，某个保险的办理流程将根据不同的人群、不同的年龄、不同的需求、保密等级等而变化；某房地产商销售活动将根据不同的订购日期、不同的楼盘、不同的楼层等众多问题，制订不同的价格。对于这些比较复杂的问题，代码多达几千行，如果把所有的处理代码都放在 Main 方法中，则势必会造成 Main 方法非常庞大、代码难以阅读、开发维护困难，而且，一旦更改了某个地方，很有可能会影响其他地方。此外，对于这么庞大的项目而言，仅凭一人之力是无法完成的，往往需要多个人共同完成，每个人负责一部分功能的实现，如果只有 Main 方法，则不便于众人合作。

这些问题的解决方法是，把程序功能分成小块，每个小块负责一部分功能，最终在 Main 方法中把这些小块整合起来，就像搭积木一样，完成整个功能。在 C#语言中，可以将处理这些小块的代码抽象为一个独立的部分，并为它起一个有意义的名称，定义为一个方法。程序可以按特定的规则使用这些方法，使用的过程称为方法调用。

6.2 方法的定义

在掌握方法的定义之前，应该明白在什么情况下需要定义方法。一般来说，如果一个小功能块比较完整，则可以重复利用，如对一串数字求最值、排序、某个业务流程等，都可以把这些功能实现放在某个方法内。方法在被使用之前必须要定义，那么如何来定义方法呢？其实，现阶段接触到的方法，基本类似于 Main 方法的写法。定义方法的语法格式如下。

```
    //Main 方法定义
    public static void Main(string[] args){…}
    //方法定义的语法
    <adjunct type><return type> <method name> (<type> <arg1>, <type>
<arg2> …){
    }
```

对比 Main 方法的定义，可以看到，一个正确的方法定义，应该包含如下部分。

1）修饰符（adjunct type）。adjunct type 指方法的修饰符，如 Main 方法的 public、static。关于修饰符，本项目并不进行具体的介绍，而是先使用，具体内容将在后面进行深入探讨。

2）返回类型（return type）。return type 指方法执行完成后返回值的变量类型。如果方法没有返回值，则使用 void 关键字进行说明。从 Main 方法的格式中可以看到，Main 方法执行完毕后，没有返回值。当然，对于其他方法而言，根据具体的需求，返回值的类型可能是整型、浮点型、字符串型，甚至是数组等。

3）方法名称（method name）。method name 指方法的名称，方法名称的写法和变量的书写格式类似，必须是合法的标识符，比较好的做法是根据方法所要完成的功能来描述方法名。

4）参数（arg1、arg2…）。arg1、arg2…表示参数，参数列表描述方法的参数个数和各参数的类型。可以有多个参数，也可以没有参数，参数之间使用逗号分隔。Main 方法可以接收一个字符串数组作为参数。

5）方法体。大括号内是方法体，是方法完成功能的代码。所有方法的位置都是并列的，与 Main 方法一样，在类的大括号内，注意方法内不能再定义方法。

方法定义的示例如例 6.1 所示。

例 6.1

```
public class Demo1
{
//定义一个方法,用来向访客打招呼
public static void sayHello()
{
Console.WriteLine("Hello HOPEFUL!");
}

public static void Main(string[] args)
{
        //重复调用 sayHello 方法 5 次
        for(int i = 1; i <= 5; i++)
        {
            Console.WriteLine("第" + i +"次调用!");
            sayHello();//方法的调用
        }
    }
}
```

例 6.1 首先定义了一个方法，采取的格式为“public static…”，这种写法让这个方法可以在 Main 方法内直接被调用，本节暂不解释这种写法的原理，后续课程中会进行详细的介绍。

例 6.1 的功能是输出“Hello HOPEFUL!”，在 Main 方法内，使用循环重复调用 sayHello 方法，结果如图 6-1 所示。

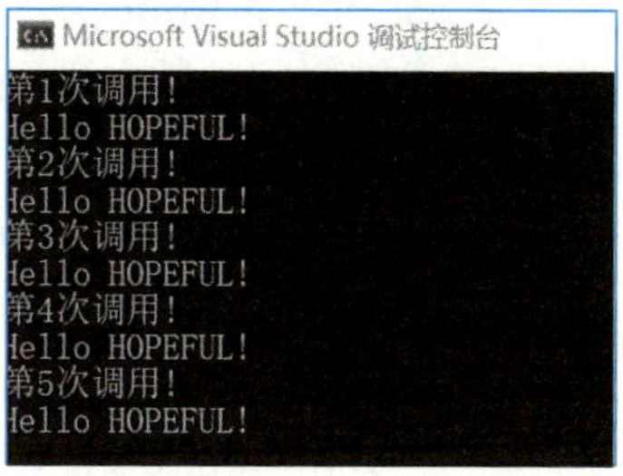

图 6-1　调用方法的输出结果

6.3 方法的返回值

6.3.1　基本数据类型的返回值

方法可以完成一定的功能，也可以返回一定的结果。例如，某个方法的功能是求出指定的两个数的乘积，则这个方法可以采取两种做法来给出结果，第一种做法是自身输出结果，第二种做法是把结果返回给调用者。方法若要返回结果，则需要使用 return 语句。下面比较一下这两种方法，如例 6.2 和例 6.3 所示。

例 6.2

```
//找出 100 以内能被 8 整除的最大整数
public class Demo2
{
```

```
    //返回类型为void，即无返回值
    public static void getNum()
    {
        int i = 100;
        for(; i >= 0; i--)
        {
            if(0 == i % 8 )
            {
                break;
            }
        }
        //输出结果
        Console.WriteLine(i);
    }
    public static void Main(string[] args)
    {
            getNum();//调用方法
    }
}
```

例 6.2 通过 getNum 方法找出 100 以内能被 8 整除的最大数字，在 getNum 方法内，首先对 0～100 之间的数字进行循环，判断是否能被 8 整除，一旦发现，即刻终止循环，并输出 i 的值。在 Main 方法内，调用 getNum 方法。要注意，所有工作都是在 getNum 方法内完成的，包括求出满足条件的值，以及输出该值。其实在大部分情况下，需要把值返回给调用者，让调用者使用。

例 6.3

```
//有返回值的方法
public class Demo3
{
    //返回类型为int
    public static int getNum()
    {
        int i = 100;
        for(; i >= 0; i--)
        {
            if(0 == i % 8 )
            {
                break;
            }
        }
        //不再输出结果,而是把结果返回给调用者
        return i;
```

```
        }
        public static void Main(string[] args)
        {
            int num = getNum();//调用方法，得到结果
            Console.WriteLine(num);
            num++;//应用结果
            Console.WriteLine(num);
        }
    }
```

在例 6.3 中，getNum 方法的功能和例 6.2 中的一样，都是求出 100 以内最大的能被 8 整除的数字，但是，例 6.3 没有在 getNum 方法内输出最终结果，而是把结果返回给调用者，这将使结果能被更灵活地运用。

其中，return 语句代表返回结果给调用者，如果一个方法在定义的时候指定了返回值，则必须有 return 语句把结果返回，否则程序将报告错误。一个方法只能返回一个值，不能返回多个值。返回值的数据类型必须与方法定义的返回值的数据类型一致。

6.3.2　数组类型的返回值

在 C#语言中，数组可以作为方法的返回值。

例如，编写一个方法，求一组数的最大值、最小值和平均值，如例 6.4 所示。

例 6.4

```
public class ReturnArray
{
    public static void Main(string[] args)
    {
        double a[] = {1.1, 3.4, -9.8, 10};
        double b[] = max_min_ave(a);
        for(int i = 0; i < b.length; i++)
            Console.WriteLine("b[" + i + "]=" + b[i]);
    }

    static double[] max_min_ave(double a[])
    {
        double res[] = new double[3];
        double max = a[0], min = a[0], sum = a[0];
        for(int i = 0; i < a.length; i++)
        {
            if(max < a[i])
                max = a[i];
            if(min > a[i])
                min = a[i];
            sum += a[i];
```

```
        }
        res[0] = max;
        res[1] = min;
        res[2] = sum / a.length;
        return res;
    }
}
```

不仅一维数组可以作为方法的返回值，多维数组同样可以。

例如，编写一个方法，把 1×1～10×10 的结果依次存入二维数组中，并输出二维数组的结果，如例 6.5 所示。

例 6.5

```
public class ArrayTest
{
    public static int[][] getArray()
    {
        int[][] arr = new int[10][10];
        for(int i = 1; i < 10; i++)
            for(int j = 1; j < 10; j++)
                arr[i][j] = i * j;
        return arr;
    }

    public static void Main(string[] args)
    {
        int[][] b;
        b = getArray();
        for(int i = 1; i < 10; i++)
        {
            for(int j = 1; j < 10; j++)
                Console.Write(b[i][j] + " ");
            Console.WriteLine();
        }
    }
}
```

6.4 方法的参数

参数指要传递给方法的初始条件。例如，打印资料，那么在调用打印方法时，必须把要打印的资料、空白纸张，以及一些如纸张大小、黑白度等初始条件传递给打印方法，这样打印方法才可以工作，打印完毕后，返回打印了字的纸张。这里有两重含义：第一，打印方法需要参数；第二，若要调用打印方法，则必须要传递对应的参数，传递过去的参数值不一定是一样的，既可以是黑白墨水，也可以是彩色墨水，纸张大小也无所谓，但是类型必须一致。

之前所介绍的方法都没有任何参数。例如，对于例 6.3，getNum 方法可以求出 100 以内符合条件的值。但是，如果现在需求变更为求出 100～200 之间满足条件的值呢？那么这个方法就失去了灵活性，我们被迫需要重新编写一个新的方法来解决这个问题。如何编写一个方法，使其能处理所有情况呢？这就需要给方法携带参数，方法有了参数，便如虎添翼，就会变得异常灵活而又强大，如例 6.6 所示。

例 6.6

```
public class Demo4
{
    //返回类型为 int,接收两个参数
    public static int getNum(int begin, int end)
    {
        //为了便于查找,先判断出两个数字的大小,大的放在 max 内,小的放在 min 内
        int max = begin > end ? begin:end;
        int min = begin > end ? end:begin;
        //让 i 从 max 开始循环,一直到 min
        int i = max;
        for(; i >= min; i--)
        {
            if(0 == i % 8)
            {
                break;
            }
        }
        //不再输出结果,而是把结果返回给调用者
        return i;
    }

    public static void Main(string[] args)
    {
        int num;
        num = getNum(0,100);//调用方法,传递参数,得到结果
        Console.WriteLine(num);
        num = getNum(200,100);
        Console.WriteLine(num);
    }
}
```

在例 6.6 中，方法定义为“**public static int** getNum(**int** begin, **int** end)”，使 getNum 方法更为灵活，由于题目的要求是求出最大的满足条件的数字，所以在方法内，为了便于循环，首先判断 begin 和 end 的大小，然后由大到小进行循环，并返回最终结果。在 Main 方法内，可以多次调用 getNum 方法，实现对任意数字区间的求解。

方法的参数分为形式参数和实际参数，简称为形参和实参。形参是指定义方法时方法列表中的参数（begin 和 end），而实参指的是方法调用时传递的参数。在定义一个方法时，形参的值是不确定的，它的值是由实参传递的。

再次强调，形参、实参的个数、类型、顺序必须是匹配的。方法需要什么类型的参数列表，在调用时就要传递什么类型的参数。打印机需要纸张和墨水作为打印的参数，但如果把砖头、水泥丢进去，很显然是无法工作的。

例 6.7

```
public class Printer
{
    //装载纸张
    public static boolean loadPaper(int papers)
    {
        boolean isPaperOk = false;
        //查看是否有纸张
        Console.WriteLine("用户放入的纸张页数为:"+papers);
        if(papers>0)
        {
            Console.WriteLine("装载纸张!");
            isPaperOk = true;
        }
        else
        {
            Console.WriteLine("缺少纸张!");
            isPaperOk = false;
        }
        return isPaperOk;
    }
    //装载墨盒
    public static boolean loadCartridge(string color)
    {
        boolean isCartridgeOk = false;
        //测试墨盒是否正确
        Console.WriteLine("用户放入的墨盒为:" + color);
        if("黑白".equals(color) == true || "彩色".equals(color) == true)
        {
            Console.WriteLine("装载墨盒!");
            isCartridgeOk = true;
        }
        else
        {
```

```
            Console.WriteLine("对不起,不支持此种类型的墨盒!");
            isCartridgeOk = false;
        }
        return isCartridgeOk;
    }
    public static boolean doPrint(string color,int papers)
    {
        //是否能成功打印
        boolean isSuccess = false;
        Console.WriteLine("打印机启动…");
        //调用纸张、墨盒装载程序
      if(loadPaper(papers)&&loadCartridge(color))
      {
          Console.WriteLine("装载成功!打印正常");
            isSuccess = true;
      }
      else
      {
            Console.WriteLine("装载失败!");
              isSuccess = false;
      }
        Console.WriteLine("打印系统关闭…");
        return isSuccess;
    }
    public static void Main(string[] args)
    {
        Console.WriteLine("开始测试打印机!");
        //对打印机进行测试,查看返回值是否为真
        if(doPrint("黑白", 10))
        {
            Console.WriteLine("测试通过!");
        }
        else
        {
            Console.WriteLine("测试失败!");
        }
    }
}
```

例 6.7 定义了以下 4 个方法。

1）loadPaper 方法：用来装载纸张，需要接收纸张个数的参数（int 类型），如果纸张页数小于 1，则报告错误，返回假。

2）loadCartridge 方法：用来装载墨盒，需要接收墨盒色彩的参数（string 类型），如果墨盒既不是黑白墨盒，也不是彩色墨盒，则报告错误，并返回装载墨盒失败为假的布尔变量。注意，其中的“"黑白".equals(color)==true”这句话使用了 string 字符串的 equals 方法，用来检测 color 变量的值是否为“黑白”。黑白或彩色，只要有一个满足，即表示墨盒可以

成功装载。如果是忽略大小写的比较，则可以把 equals 方法换为 equalsIgnoreCase 方法。

3）doPrint 方法：用来执行打印操作，需要接收纸张页数、墨盒色彩两个参数。在执行的过程中，分别调用 loadPaper（传递了纸张页数）、loadCartridge（传递了墨盒色彩）两个方法，查看纸张和墨盒是否合格，如果有一个不合格，则打印失败，返回假。所以 doPrint 方法其实是一个组装者，由 doPrint 方法统一管理其他方法。

4）Main 方法：调用 doPrint 方法测试打印机是否能正常工作，并传递参数，根据传递参数的不同，打印机工作可能正常，也可能失败。

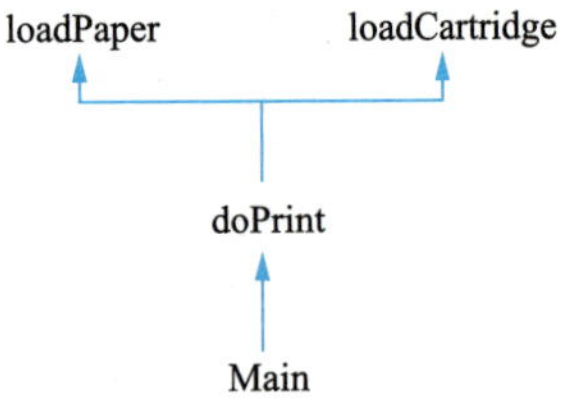

图 6-2　程序的流程图

从代码可以看出，程序的流程图如图 6-2 所示。Main 方法调用了 doPrint 方法，而 doPrint 方法又调用了 loadPaper 和 loadCartridge 方法。

6.5 常见问题

1. 返回值错误

我们应当保证返回值数量为 1 或 0。如果一个方法需要返回一个值，那么在方法内必须要有 return 语句来返回。下面给出错误示例代码。

```
public class Err1

{
    public static int test(int i)
     {
        if(i > 0)
        {
            return 1;
        }
        else
        {
            return 2;
        }
        return 3;//错误,不可能到达的代码
        Console.WriteLine("Hello !");//错误,不可能到达的代码
     }
}
//正确,虽然有多个 return 语句,但只有一个会被执行
public class Succ
{
    public static  int test(int i)
     {
```

```
            if(i > 0)
            {
                return 1;
            }
            else
            {
                return 2;
            }
        }
    }
    //错误,返回值类型错误
    public class Err2
    {
        public static int test(int i)
        {
            return i * 10 + 2.5;
        }
    }
    public class Err3
    {
        public static  int test(int i)
        {
            return i + 1, i + 2;//错误,不能返回多个值
        }
    }
```

2. 方法的参数错误

如果一个方法的定义中带有参数，当调用这个方法时，则必须要传递个数相同、顺序相同、类型匹配的参数。

```
    public class Err1
    {
        public static void giveMeaChance(int age, String name)
        {
            Console.WriteLine("your name is "+ name);
            Console.WriteLine("your age is " + age);
        }
        public static void Main(string[] args)
        {
            giveMeaChance("张学友",20);//顺序错误
            giveMeaChance(20.5,"张学友");//类型错误
            giveMeaChance("Beyond");//个数错误
            giveMeaChance(45,"张学友");//正确
        }
    }
```

6.6 项目实战：编程实现ATM系统余额查询功能和取款功能

任务描述

ATM系统包含登录、余额查询、取款、存款等多个功能，如果所有代码都编写在Main方法中，则会影响代码的可读性。请使用方法，实现系统的各功能。

任务分析

主菜单每次操作完成后都要再次展示，可考虑是否将其封装成一个方法；各功能都需要操作存款金额，可声明为全局变量。

任务实施

1）打开控制台应用程序MyATM。

2）添加一个ATM类，添加代码如下。

```
class ATM
{
    static void Main(string[] args)
    {
        Console.WriteLine("欢迎进入ATM系统");
        Console.WriteLine("\n请输入您的卡号");
        int cardID = Convert.ToInt32(Console.ReadLine());
        if(cardID! = 9552018)
        {
            Console.WriteLine("您的卡号不存在，请重新输入卡号");
        }
        else
        {
            Console.WriteLine("\n请输入您的密码");
            int cardPwd = Convert.ToInt32(Console.ReadLine());
            if(cardPwd != 888888)
            {
                Console.WriteLine("密码错误，请重新输入");
            }
            else
            {
```

```
                Console.WriteLine("登录成功");
                Console.WriteLine("\n 主菜单：");
                Console.WriteLine("\t 1-查询余额");
                Console.WriteLine("\t 2-提取现金");
                Console.WriteLine("\t 3-存款");
                Console.WriteLine("\t 4-退出");
                Console.WriteLine("\n 请输入选择：");
            }
        }
    }
}
```

3）修改 Main 方法，代码如下。

```
using System;
using System.Collections.Generic;

namespace ConsoleApplication1
{
    class Program
    {
        static int userAccount = 0;  //用户银行卡金额
        static int[] userCards = { 9552016, 9552017, 9552018 };
        //存储用户银行卡号的数组
        static int[] userAccounts = { 1000, 2000, 3000 };
        //存储用户银行卡金额的数组,卡号和卡金额相对应
        static int userCardIndex = -1;//用户银行卡所在的数组索引


        //系统用户登录
        static void Login()
        {
            Console.WriteLine("欢迎进入 ATM 系统");
            Console.WriteLine("\n 请输入您的卡号");
            int userCardID = Convert.ToInt32(Console.ReadLine());
            bool bl = false;
            for(int i = 0; i < userCards.Length; i++)
            {
                if(userCardID == userCards[i])
                {
                    Console.WriteLine("卡号正确");
                    userCardIndex = i;
                    bl = true;
                    DisplayMenu();
                    break;
                }
```

```
        }
        if(bl == false)
        {
            Console.WriteLine("温馨提示:卡号存在异常,请联系发卡行");
        }

    }
    //显示系统菜单功能
    static void DisplayMenu()
    {
        Console.WriteLine("\n主菜单:");
        Console.WriteLine("1-查询余额");
        Console.WriteLine("2-取款");
        Console.WriteLine("3-存款");
        Console.WriteLine("4-退出\n");
        Console.WriteLine("请输入选择:");
        int menu = Convert.ToInt32(Console.ReadLine());
        if(menu == 1)
        {
            //获取用户余额
            userCheckBalance();
        }
        else if(menu == 2)
        {
            DepositMoney();
        }
        else if(menu == 3)
        {
            Console.WriteLine("功能开发中");
        }
        else if(menu == 4)
        {
            Console.WriteLine("系统使用结束");
        }
    }
    //查询卡余额功能
    static void userCheckBalance()
    {
        userAccount = userAccounts[userCardIndex];
    //获取用户银行卡编号对应的金额
        Console.WriteLine("\n您的余额是: {0}", userAccount);
        DisplayMenu();//调用系统菜单方法
    }
    //取款功能
    static void DepositMoney()
```

```
        {
            Console.WriteLine("\n请输入取款金额");
            int getMoney = Convert.ToInt32(Console.ReadLine());
            if(getMoney > userAccount)
            {
                Console.WriteLine("\n银行卡金额不足");
            }
            else if(getMoney % 100 != 0)
            {
                Console.WriteLine("\n本机只支持100元钞票");
            }
            else
            {
                userAccount = userAccount - getMoney;
                Console.WriteLine("\n取款成功,您的余额为:{0}", userAccount);
            }
            DisplayMenu();//调用系统菜单方法
        }
        public static void Main(string[] args)
        {
            //系统入口函数:调用用户登录方法
            login();
        }
    }
}
```

4）程序编译并运行后，结果如图 6-3 所示。

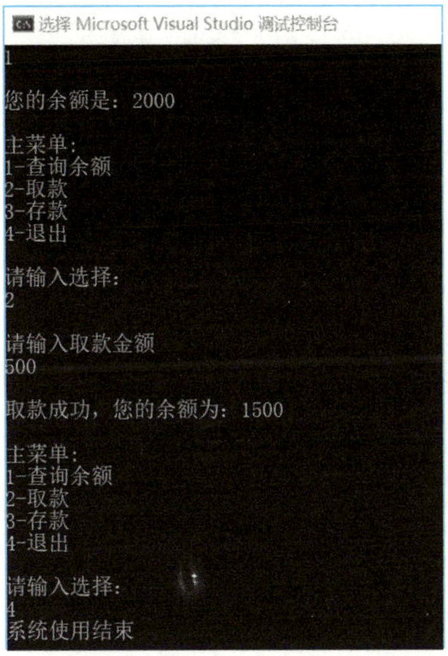

图 6-3　程序的运行结果

项 目 自 测

一、选择题

1. 下列关于方法的描述中，正确的有（　　）。

A．方法可以返回多个值　　B．方法必须返回一个值

C．方法可以有多个参数　　D．在方法内可以定义其他方法

2. 下列代码运行后，输出的结果是（　　）。

```
public class Test
{
    public static void Main(string[] args)
    {
        String str = new String("good");
        char[] ch = {'a', 'b', 'c'};
        change(str, ch);
        Console.Write(str + " and ");
        Console.Write(ch);
    }
    public static void change(String str, char ch[])
    {
        str = "test ok";
        ch[0] = 'g';
    }
}
```

A．good and abc　　B．good and gbc

C．test ok and abc　　D．test ok and gbc

3. 下列代码运行后，输出的结果是（　　）。

```
public class Test
{
    public static boolean methodB(int j)
    {
        j += 1;
        return true;
    }
    public static void methodA(int j)
    {
        boolean b;
```

```
        b = j > 10 & methodB(4);
        b = j > 10 && methodB(8);
    }
    public static void Main(string[] args)
    {
        int j = 0;
        methodA(j);
        Console.WriteLine(j);
    }
}
```

A．0　　B．1　　C．true　　D．false

4．下列代码运行后，输出的结果是（　　）。

```
public class MyClass
{
    public static void Main(string[] arguments)
    {
        amethod(arguments);
    }
    public void amethod(string[] arguments)
    {
        Console.WriteLine(arguments);
        System.out.println(arguments[1]);
    }
}
```

A．error Can’t make static reference to void amethod

B．error method Main not correct

C．error array must include parameter

D．amethod must be declared with String

5．阅读下列代码，如果希望程序运行后，得到的结果为 Equal，那么横线处可以放置的代码有（　　）。

```
public class EqTest
{
    public static void Main(string[] argv)
    {
            String s1 = "C#";
            String s2 = "C#";
            ________
            {
                Console.WriteLine("Equal");
            }
```

```
            else
            {
                Console.WriteLine("Not equal");
            }
        }
}
```

A. if(s1==s2)　　B. if(s1.equals(s2))

C. if(s1.equalsIgnoreCase(s2))　　D. if(s1.noCaseMatch(s2))

二、编程题

1. 使用方法进行四则运算。编写若干方法，分别用于完成对两个整数的算术运算，在 Main 方法中，要求用户输入两个运算数字和运算符号，根据用户所输入的运算符号调用对应的方法。

【提示】对于算术运算，可以是加、减、乘、除或取模等。首先接收用户输入的两个数字和运算符号，当用户输入运算符号后，可以使用 switch 语句进行判断，调用相关的方法进行运算。注意，switch 结构只能对整数（包括 char）进行判断，而不能对字符串进行判断。

【参考代码】创建文件 Oper.cs，编写如下代码。

```
public class Oper
{
        //加
        public static int add(int i, int j)
        {
            Console.WriteLine("加法运算")
            return i + j;
        }

        //减
        public static int minus(int i, int j)
        {
            Console.WriteLine("减法运算")
            return i - j;
        }

        //乘
        public static int multiply(int i, int j)
        {
            Console.WriteLine("乘法运算")
            return i * j;
        }
```

```
//除
public static int divide(int i, int j)
{
    Console.WriteLine("除法运算")
    if(j == 0)
    {
        Console.WriteLine("除数不能为0");
        return - 1;
    }
    else
    {
        return i / j;
    }
}

//取模
public static int mod(int i, int j)
{
    Console.WriteLine("取模运算!");
    return i % j;
}

public static void Main(string[] args)
{
    //定义相关变量
    int i, j, result = 0
    char op;
    //接收用户输入的数字
    Console.WriteLine("请输入第一个数字:");
    i = Convert.ToInt32(Console.ReadLine());
    Console.WriteLine("请输入第二个数字:");
    j = Convert.ToInt32(Console.ReadLine());
    Console.WriteLine("请输入运算符号:");
    op = consde.ReadLine();
    //对运算符号进行判断
    switch(op)
    {
        case '+':
        result = add(i, j);
        break;
        case '-':
        result = minus(i, j);
        break;
```

```
                case '*':
                result = multiply(i, j);
                break;
                case '/':
                result = divide(i, j);
                break;
                case '%':
                result = mod(i, j);
                break;
                default:
                Console.WriteLine("你输入的运算符号错误!")
            }
            Console.WriteLine("运算结果为:" + result);
        }
    }
```

2．给某网上书店系统添加、删除书籍信息。书籍信息单独位于一个类中，并存放在数组中。

【提示】书籍有书名、单价等信息。由于书籍数据单独存放在一个类中，并用数组实现，所以可以使用一些方法给数组赋值，当用户查阅时，返回书籍数组信息。

可以适当地把数据数组定义得稍大一些，往数组中放入数据后，假如放入 5 本书籍的数据，那么从数组第 6 个元素开始，数组元素值为 0（单价数字）或空（书名字符串），所以当添加新书时，可以对数组进行循环，当数组元素为 0 或空时，意味着可以把新书信息放在该位置。对于一个字符串，数组元素为空意味着其为 null（null 是空的意思），所以可以让元素和 null 进行对比。

【参考代码】编写代码，如下。

```
public class Data
{
    //初始化书籍名称信息
    public static string[] initBooksNameArray()
    {
        string[] booksName = new string[50];
        booksName[0] = "C#2.0 宝典";
        booksName[1] = "C#编程基础";
        booksName[2] = "J2SE 桌面应用程序开发";
        booksName[3] = "数据库设计和应用";
        booksName[4] = "水浒传";
        booksName[5] = "红楼梦";
        booksName[6] = "三国演义";
        booksName[7] = "西游记";
        return booksName;
    }
```

```
    //初始化书籍价格信息
    public static double[] initBooksPriceArray()
    {
        double[] booksPrice = new double[50];
        booksPrice[0] = 88;
        booksPrice[1] = 55;
        booksPrice[2] = 60;
        booksPrice[3] = 45;
        booksPrice[4] = 55.5;
        booksPrice[5] = 68;
        booksPrice[6] = 78;
        booksPrice[7] = 46;
        return booksPrice;
    }
    //对书籍信息进行展示
    public static void showBooks(string[] booksName,double[] booksPrice)
    {
        Console.WriteLine("书籍列表：");
        for(int i = 0; i < booksName.length; i++)
        {
            //如果书名信息为空,则证明书籍存储到此为止
            //当然也可以使用 booksPrice 数组进行循环,如果为 0,则说明书籍存储至此
        if(booksName[i] == null)
        {
            break;
        }
        Console.WriteLine("书名：" + booksName[i] + "\t\t 价格：" +
booksPrice[i]);
        }
    }
}
public class BookManage
{
    //添加书籍信息
    public static void addBook(string[] booksName, string bookName,
double[] booksPrice, double bookPrice)
    {
        for(int i = 0; i < booksName.length; i++)
        {
            //第一次遇到数组元素为空时,就可以存储了
            if(booksName[i] == null)
            {
                booksName[i] = bookName;
```

```
                booksPrice[i] = bookPrice;
                break;
            }
        }
    }
    //删除书籍信息
    public static void delBook(string[] booksName, string bookName,
double[] booksPrice)
    {
        int postion = 0, max = 0;
        //一共多少本书
        for(; max < booksName.length; max++)
        {
            if(booksName[max] == null)
                break;
        }
        //首先对书籍进行查找,检查要删除的书籍是否存在
        for(; postion < max; postion++)
        {
            //如果找到,则终止查找
            if(booksName[postion].equals(bookName))
            {
                break;
            }
        }
        //检查书籍是否存在
        if(postion < max)
        {
            Console.WriteLine("找到书籍,位置:" + (postion + 1));
            //删除书籍,首先清除本书
            booksName[postion] = null;
            booksPrice[postion] = 0;
            //后面的书籍往前移动
            for(int i = postion; i < max - 1; i++)
            {
                booksName[i] = booksName[i + 1];
                booksPrice[i] = booksPrice[i + 1];
            }
            //把最后一本书删除
            booksName[max - 1] = null;
            booksPrice[max - 1] = 0;
        }
        else
```

```
            {
                Console.WriteLine("没有找到相关书籍!");
            }
        }
    }
    /**测试类**/
    public class Test
    {
        public static void Main(string[] args)
        {
            //获得初始数据
            string[] booksName = Data.initBooksNameArray();
            double[] booksPrice = Data.initBooksPriceArray();
            //变量定义
            string bookName;
            double bookPrice;
            int choice;
            Scanner scanner = new Scanner(System.in);
            //菜单
            Console.WriteLine("请选择功能:");
            Console.WriteLine("1:查看书目");
            Console.WriteLine("2:添加书籍");
            Console.WriteLine("3:删除书籍");
            choice = scanner.nextInt();
            switch(choice)
            {
            case 1:
                Data.showBooks(booksName, booksPrice);
                break;
            case 2:
                Console.WriteLine("请输入要添加的书的书名:");
                bookName = scanner.next();
                Console.WriteLine("请输入价格:");
                bookPrice = scanner.nextDouble();
                BookManage.addBook(booksName, bookName, booksPrice, bookPrice);
                Data.showBooks(booksName, booksPrice);
                break;
            case 3:
                Console.WriteLine("请输入要删除的书的书名:");
                bookName = scanner.next();
                BookManage.delBook(booksName, bookName, booksPrice);
                Data.showBooks(booksName, booksPrice);
                break;
```

```
            default:
                Console.WriteLine("输入错误!");
            }
        }
    }
```

3．中国有句俗语叫“三天打鱼两天晒网”。假如某人从 1999 年 9 月 9 日起开始“三天打鱼两天晒网”，问这个人在以后的任意一天中是“打鱼”还是“晒网”。

【提示】根据题意可以将解题过程分为 3 步。

1）计算从 1999 年 9 月 9 日开始至指定日期共有多少天。

2）由于“打鱼”和“晒网”的周期为 5 天，所以将计算出的天数用 5 去除。

3）根据余数判断他是在“打鱼”还是在“晒网”。若余数为 1、2、3，则他是在“打鱼”，否则是在“晒网”。

其中，第 1）步最为关键。求从 1999 年 9 月 9 日至指定日期有多少天，要判断经历年份中是否有闰年，闰年的二月为 29 天，平年的二月为 28 天。

分别定义不同的方法，完成不同的功能块。

7

项目

使用面向对象思想重构 ATM 系统

项目导读

C#语言是由 C 语言和 C++语言衍生出来的面向对象的编程语言，它在继承 C 语言和 C++语言强大功能的同时去掉了一些它们的复杂特性，同时综合了 Visual Basic 简单的可视化操作和 C++语言的高运行效率。

本项目将介绍面向对象语言最重要的基础知识——类和对象。

视频：使用面向对象思想重构 ATM 系统（一）

视频：使用面向对象思想重构 ATM 系统（二）

学习目标

- 了解面向对象语言的特点、对象的意义和实例化对象。
- 理解类的概念和定义、成员方法的定义和命名空间。
- 掌握构造方法的使用、装箱和拆箱操作。
- 理解值类型和引用类型数据作为参数的差异。
- 掌握访问修饰符的使用方法。
- 能使用面向对象思想重构 ATM 系统。
- 培养凝神聚力、精益求精、追求极致的职业品质。

7.1 面向对象语言

7.1.1 面向对象语言的发展

在学习面向对象语言之前，有必要了解程序设计语言发展的历史和背景。提到面向对象程序设计（object oriented programming，OOP）语言，就不得不说面向过程程序设计语言。我们知道，C#语言是从 C 语言发展而来的，C 语言是一种面向过程的程序设计语言。那么，面向过程的程序设计语言有什么不足呢？为什么面向过程的程序设计语言不适应现在的软件开发，而需要面向对象语言呢？

简单地说，面向过程的编程语言在涉及大量计算的算法问题上，程序员必须从算法（也就是计算机运算数据的角度）的角度揭示事物的特点，面向过程的分割是合适的。但是现在的软件应用涉及社会生活的方方面面，在变动的现实世界，面向过程的设计方法暴露出越来越多的不足。例如：

1）功能（学过的方法，定义方法就是为了能完成某个功能，实现对数据的操作）与数据分离不符合人们对现实世界的认识。

2）基于模块的设计方式，导致软件修改困难。

为了解决这些问题（特别是第一个问题），面向对象的技术应运而生。它是一种强有力的软件开发方法，它将数据和对数据的操作（数据和操作该数据的方法）作为一个相互依赖、不可分割的整体，力图使对现实世界问题的求解简单化。它符合人们的思维习惯，同时有助于控制软件的复杂性，提高软件的生产效率，从而得到了广泛的应用，已成为目前最为流行的一种软件开发方法。

作为面向对象技术的重要组成部分，面向对象编程语言充分体现了面向对象技术的特点和优点。C#语言就是面向对象语言的代表之一，在本项目和后面项目的学习过程中，会介绍面向对象技术的各种语法。

下面来介绍面向对象语言的基础概念和语法——类。

7.1.2　类的概念和定义

前面提到，面向过程的编程语言最大的缺点就是，数据和对数据的操作是分开的。而现实世界中的万事万物，既具有独特的特征（数据），又具有独特的行为（方法），那么面向对象语言就必须把事物的特征和行为定义在一起，这个概念和语法就是类。下面是一个定义类的例子。

```
class Person
{
    //下面是人这个类所共同具有的特征,也就是数据
    public string name;//每个人都有名字
    public int age;//每个人都有年龄

    //下面是人这个类所共同具有的行为,也就是方法——问候
    public void SayHello()
    {
        Console.WriteLine("你好,我是{0}", name);
    }
}
```

上述代码演示了如何定义一个类，首先来解释语法。最先看到的一个单词——class，这是定义一个类的关键字（这个关键字一定要记住），class 后面紧接着就是定义类的名称，这里定义了一个名称为 Person 的类。类名后面是一对大括号，括号内部定义了能存储该类特征（数据）的变量——name 和 age，分别用于存储一个人的名字和年龄。大家也许会看到有一个关键字比较熟悉，那就是 public，在项目 8 中会详细介绍这个关键字的作用和意义，这里先暂时记住。在定义了两个成员变量后，接下来定义了一个 SayHello 方法，用于描述该类具有的行为——问候。学习了定义类的基本语法后，是不是感觉和现实世界的事物相似呢？

接下来解释定义类的意义（面向对象语言贴近现实世界的原因）。看到“类”这个字，大家就会联想到许多词，如类别、分类、物以类聚等。世界上的事物都是可以归为某一类的，如鲨鱼属于鱼类。同样，一说到鸟类，你是不是就会想到有一对翅膀，扇动起来就能飞的动物？平时所说的类，就是把具有相同特点和行为的事物作一个定义和归纳。程序员在代码中定义的类和现实中类的意义是一样的，就是把具有相同数据和方法的“对象”（程序操作的对象）作一个定义和归纳，也就是定义成类。下面举例来说明这个过程。如果要为一个学校开发一个学生管理系统，那么这个软件就需要处理大量与学生有关的数据，所以就可以定义一个学生类，用来处理学生的数据和方法。下面是学生类定义的代码。

```
class Student
{
    public string id;//学生编号
    public string name;//学生的名字
    public int age;//学生的年龄
    //学生共同的方法——学习
    public void Study( )
    {
        Console.WriteLine("好好学习,天天向上!");
    }
}
```

类定义好以后，还不能在代码中直接发挥作用，这就涉及另外一个概念和语法——对象。

7.1.3　对象

在前面我们了解到，把程序中要操作的具有相同数据和方法的“对象”归纳起来，也就是定义成类。但是，如果想执行类中的方法（如学生类的 Study 方法），访问里面的变量，就会发现执行不了，必须要用类来定义一个对象（专业术语称为实例化一个对象），才能执行类中的方法，才能给里面的变量赋值。下面演示如何实例化一个 Student 类的对象，如例 7.1 所示。

例 7.1

```
using System;
using System.Collections.Generic;
using System.Text;
namespace Demo
{
    //定义一个类,类名是 Student
    class Student
    {
        public string id;//学生编号
        public string name;//学生的名字
```

```
            public int age;//学生的年龄
            //学生共同的方法——学习
            public void Study()
            {
                Console.WriteLine("{0}{1}岁了,要好好学习,天天向上!",name, age);
            }
        }
        class Program
        {
            static void Main(string[] args)
            {
                Student stu=new Student();//实例化一个对象
                stu.name = "王明";
                stu.age = 20;
                stu.Study();
            }
        }
    }
```

注意 Main 方法中的第一行代码，一个新关键字——new。new 关键字的作用就是实例化一个类的对象，关键字后面是要实例化的类名，类名紧接着一对圆括号（圆括号的意义在稍后学习），这样就定义了一个名为 stu 的对象，该对象属于 Student 类。既然 stu 对象属于 Student 类，就会有该类定义的 3 个变量（成员变量）和一个方法（成员方法）。在这里为 stu 对象其中的两个变量赋值了，名字是王明，年龄赋值 20，然后调用了 stu 对象的 Study 方法，在 Study 方法中，输出了 stu 对象的名字和年龄（然后要好好学习），如图 7-1 所示。

Microsoft Visual Studio 调试控制台
王明20岁了，要好好学习，天天向上！

图 7-1　实例化一个对象

大家也许会有疑问，为什么类要实例化一个对象，才能给其中的变量赋值和调用方法呢？其实，这与现实中的世界是一样的。人类就好像是定义的类，你不会听到别人说“人类，去把房间打扫一下！”，一定是“小明，去把房间打扫一下！”。人类是抽象的一个类，不能完成任何功能，但是“小明”是人类的一个具体对象，他具有人类的所有特征和行为，所以小明可以去打扫房间。

类和对象是不可分割的两个概念和语法。类是归纳的共同点，对象是具体的事物。对象具有类所有的变量和方法。定义了类以后，可以在需要的地方随时定义该类的对象，如例 7.2 中就定义了多个对象，每个对象单独存储数据。

例 7.2

```
using System;
using System.Collections.Generic;
using System.Text;
```

```
namespace Demo
{
    class Student
    {
        public string id;//学生编号
        public string name;//学生的名字
        public int age;//学生的年龄

        public void Study()
        {
            Console.WriteLine("我是{0},我要好好学习,天天向上!", name);
        }
    }
    class Program
    {
        static void Main(string[] args)
        {
            Student stu1 = new Student();//实例化一个对象
            stu1.name = "王明";
            stu1.age = 20;
            stu1.Study();

            //实例化第二个对象
            Student stu2 = new Student();
            stu2.name = "张涛";
            stu2.age = 18;
            stu2.Study();
        }
    }
}
```

在例 7.2 中，定义了两个对象，并且这两个对象都有自己的成员变量，各自存储的数据不一样，也体现了类是共体，对象是个体的概念。程序编译并运行后，结果如图 7-2 所示。

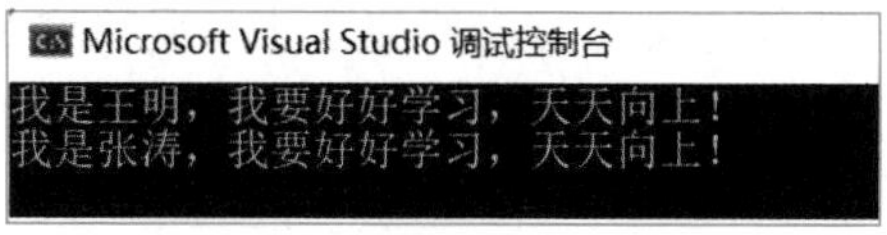
Microsoft Visual Studio 调试控制台
我是王明，我要好好学习，天天向上！
我是张涛，我要好好学习，天天向上！

图 7-2　实例化两个对象

7.1.4　创建匿名类的对象

匿名类型是 C# 7.0 提供的一个新的语法机制，它使用 new 操作符和匿名对象进行初始化，能够创建一个新的对象。这个新创建的对象就是一个匿名类型的对象。下面的代码创建了一个匿名类型的对象，并保存为 var 关键字标识的 role 变量。

```
//创建匿名类的对象
var role = new{ID = 1, RoleName = "Admin"};
```

在创建匿名类型的对象时，编译器首先为新对象创建一个类（类的名称由编译器指定），并在该类中设置相应的属性，然后使用该类创建一个实例，并设置该实例各属性的值。

下面的代码创建了一个匿名类型的对象，并保存为 role 变量。该匿名类型的对象包含 ID 和 RoleName 属性。其中，ID 属性的值为“1”，RoleName 属性的值为“Admin”。

```
class Program
{
    static void Main(string[] args)
    {
        //创建匿名类的对象
        var role = new{ID = 1, RoleName = "Admin"} ;

        //显示 role 的 RoleName 属性值
        Console.WriteLine("RoleName:" + role.RoleName);
    }
}
```

程序编译并运行后，结果如图 7-3 所示。

图 7-3　创建匿名类对象

7.2 成员方法

7.2.1 成员方法的定义

成员方法，简单地说，就是定义在类内部的方法，反映这个类具有的行为。在例 7.2 中，学生类就有一个成员方法。

```
class Student
{
   public string id;//学生编号
   public string name;//学生的名字
   public int age;//学生的年龄
   public void Study()
```

```
        {
            Console.WriteLine("我是{0},我要好好学习,天天向上!", name);
        }
    }
```

在 Student 类中，要注意定义成员方法的格式。总结来说，需要注意 4 个要素：public——访问修饰符；void——返回值类型，该方法没有返回值；Study——方法名；一对圆括号里面的参数列表。定义成员方法的语法格式如下。

```
[访问修饰符] 返回类型 <方法名> (参数列表)
{
   //方法体
}
```

7.2.2　方法调用

要调用 C#方法，首先要实例化类对象，再使用点符号来调用方法。调用方法的语法格式如下。

```
对象名.方法名(参数列表)
```

下面给出一个示例，演示成员方法的定义和调用，完成两个整数相加并输出的功能，如例 7.3 所示。

例 7.3

```
using System;
using System.Collections.Generic;
using System.Text;

namespace Demo
{
    class Math
    {
    //该方法需要两个整型参数,并且返回两个整数的和
        public int Add(int a,int b)
        {
            return a + b;
        }
    }

    //<summary>
    //实例化对象,调用方法
    //</summary>
    class Program
    {
```

```
        static void Main(string[] args)
        {
            Math m = new Math();
            int sum = m.Add(5, 10);
            Console.WriteLine("和是:{0}",sum);
        }
    }
}
```

程序编译并运行后，结果如图 7-4 所示。

Microsoft Visual Studio 调试控制台
和是: 15

图 7-4　调用方法示例

7.3 构造方法

7.3.1　构造方法概述

在前面学习了如何实例化一个类对象，代码如下。

```
Student stu = new Student();//实例化一个对象
```

new 关键字后面跟类名，然后是一对圆括号（如果没有圆括号就会报错，程序执行不了）。为什么这里有一对圆括号呢？想想看，在前面的哪个地方需要圆括号？对了，调用方法的时候需要写一对圆括号，圆括号里面是参数。也就是说，实例化一个类对象的时候要调用类中的一个方法，该方法就是构造方法。构造方法是一种特殊的方法，必须在实例化对象的时候调用。定义构造方法的语法格式如下。

```
class 类名
{
    //构造方法名与类同名,没有返回值类型,如果写了则编译报错
    public 类名(参数列表)
    {
        //代码
    }
}
```

结合前面的例子，给 Student 类加上无参构造方法。代码如下。

```
class Student
{
```

```
    public string id;
    public string name;
    public int age;
    //一个无参构造方法
    public Student()
    {
        //这里输入一些代码,后面结合带参构造方法进行介绍
    }

    public void Study()
    {
        Console.WriteLine("我是{0},我要好好学习,天天向上!", name);
    }
}
```

总结定义构造方法时一定要注意如下两点。

1）构造方法名必须与类名一样。

2）构造方法没有返回值类型，因为构造方法没有返回值。

上面是最简单的构造方法——无参构造方法的语法，也许大家会说为什么要定义构造方法呢？感觉没什么作用，也没有什么特殊意义。那么接下来看例 7.4，看看如果没有构造方法，会发生什么情况。

例 7.4

```
using System;
using System.Collections.Generic;
using System.Text;

namespace Demo
{
    class Student
    {
        public string id;//学生编号
        public string name;//学生的名字
        public int age;//学生的年龄
        public string classid;//学生所在班级的编号
        public string hobby;//兴趣爱好
        public string address;//家庭住址
        public string sex;//性别
        public int height;//身高
        public int weight;//体重

        public void Study()
        {
```

```
                Console.WriteLine("我是{0},我要好好学习,天天向上!", name);
            }
        }

        class Program
        {
            static void Main(string[] args)
            {
                Student stu = new Student();
                //为 stu 对象所有的成员变量赋初值
                stu.id = "a001";
                stu.name = "张明";
                stu.age = 18;
                stu.classid = "T88";
                stu.hobby = "篮球";
                stu.address = "武汉";
                stu.sex = "男";
                stu.height = 178;
                stu.weight = 149;
            }
        }
    }
```

这段代码定义了一个 Student 类，该类有 9 个成员变量。在 Main 方法中实例化了一个 Student 类对象，对象名是 stu，然后对 stu 对象的每一个成员变量赋初值。大家可能会觉得该段代码很平常，但是如果类中有几十个成员变量，给对象赋初值就要写几十行代码，这会让程序员的工作效率变得非常低。

那么有没有其他方法，让我们给对象赋初值更方便、更简捷一些呢？当然是有的，那就是使用带参构造方法。例 7.5 中的代码就使用了带参构造方法来简化例 7.4 中的代码。

例 7.5

```
using System;
using System.Collections.Generic;
using System.Text;

namespace Demo
{
    class Student
    {
        public string id;//学生编号
        public string name;//学生的名字
        public int age;//学生的年龄
        public string classid;//学生所在班级编号
```

```
        public string hobby;//兴趣爱好
        public string address;//家庭住址
        public string sex;//性别
        public int height;//身高
        public int weight;//体重

        //无参构造方法
        public Student()
        {
        }
        //带参构造方法,参数写在圆括号里,在代码中给对象的每个成员变量赋值
        public Student(string Id, string Name, int Age, string Classid,
string Hobby, string Address,string Sex, int Height, int Weight)
        {
            this.id = Id;
            this.name = Name;
            this.age = Age;
            this.classid = Classid;
            this.hobby = Hobby;
            this.address = Address;
            this.sex = Sex;
            this.height = Height;
            this.weight = Weight;
        }

        public void Study()
        {
            Console.WriteLine("我是{0},我要好好学习,天天向上!", name);
        }
    }

    //<summary>
    //实例化对象,调用方法
    //</summary>
    class Program
    {
        static void Main(string[] args)
        {
            //实例化一个对象时,就调用了构造方法,把初始值按顺序写到圆括号里
            //就为对象赋值了,非常方便简捷
            Student stu = new Student("a001","张明",18,"T88","篮球","武汉
","男",178,149);
        }
    }
}
```

带参构造方法和无参构造方法都是在实例化对象的时候被调用的，两者不同的是，圆括号里面是给对象赋值的数据。在例 7.5 的代码中，为对象赋初值只用了一行代码。在构造方法中有一个关键字——this，这个关键字将在 7.3.2 节中进行介绍，这里暂时略过。

构造方法的作用如下。

1）构造方法可以更简捷地为对象赋初值。在实例化对象的同时，就可以给该对象的所有成员变量赋初值。

2）当对象的每一个成员变量要存储数据时，就要在内存中开辟空间。类的构造方法最大的作用就是，为对象开辟内存空间，以存储数据。这也是为什么实例化对象的时候，一定要调用构造方法的原因。

3）构造方法只有实例化对象的时候才能调用，不能像其他方法那样通过方法名调用。

在前面学习到，定义一个变量就会在内存中开辟一个空间存储数据。实例化一个对象后，对象的成员变量也要开辟内存空间，这个重要的任务就是构造方法完成的。

至此，关于构造方法还有两个问题，一个是 this 关键字（7.3.2 节中会进行介绍）是什么，还有一个就是，在本项目刚开始定义 Student 类时，根本就没有写构造方法，为什么程序也可以正常执行，也可以实例化对象。对第二个问题的回答是，那是因为，如果没有为一个类编写任何构造方法，则编译器会自动为该类添加一个无参构造方法，给所有成员变量赋默认值（数值类型变量是 0，字符串为空字符串），以保证程序正常执行。

还有一点需要说明，当为类提供了带参构造方法后，编译器就不会自动提供无参构造方法了，需要用户手动编写一个无参构造方法，如例 7.6 所示。

例 7.6

```
    class Student
    {
        public string id;//学生编号
        public string name;//学生的名字
        public int age;//学生的年龄
        public string classid;//学生所在班级编号
        public string hobby;//兴趣爱好
        public string address;//家庭住址
        public string sex;//性别
        public int height;//身高
        public int weight;//体重

        //手动编写无参构造方法
        public Student()
        {
        }

        //带参构造方法,参数写在圆括号里,在代码中给对象的每个成员变量赋值
    public Student(string Id, string Name, int Age, string Classid, string
Hobby, string Address, string Sex, int Height, int Weight)
        {
            this.id = Id;
```

```
            this.name = Name;
            this.age = Age;
            this.classid = Classid;
            this.hobby = Hobby;
            this.address = Address;
            this.sex = Sex;
            this.height = Height;
            this.weight = Weight;
        }

        public void Study()
        {
            Console.WriteLine("我是{0},我要好好学习,天天向上!", name);
        }
    }
```

这样编写两个版本的构造方法，它的优点是可以有两种实例化对象的方法，如下列代码所示。

```
    static void Main(string[] args)
    {
        //实例化一个对象,调用带参构造方法
        Student stu = new Student("a001","张明",18,"T88","篮球","武汉","男",
178,149);
        //实例化对象,同时调用无参构造方法
        Student otherstu = new Student();
    }
```

7.3.2　this 关键字

在前面编写带参构造方法的代码中，已经提到过 this 关键字，那么 this 关键字的作用是什么呢？

首先，this 英文单词的意思就是“这个，当前的”。在 C#语言中，它的作用是引用当前正在操作的这个对象。在构造方法中使用 this 关键字，就是给当前操作的对象进行赋值，如例 7.7 所示。

例 7.7

```
    namespace Demo
    {
        class Student
        {
            public string id;
            public string name;
            public int age;

            public Student(string Id, string Name, int Age)
```

```
        {
            //使用 this 关键字,表示给当前的对象成员赋值
            this.id = Id;
            this.name = Name;
            this.age = Age;
        }

        public void Study()
        {
            Console.WriteLine("我是{0},我要好好学习,天天向上!", name);
        }
    }

    //<summary>
    //实例化对象,调用构造方法
    //</summary>
    class Program
    {
        static void Main(string[] args)
        {
            //实例化 stu 对象,调用构造方法,给 stu 对象的成员变量赋值
            Student stu = new Student("a001","张明",18);

            //实例化 otherstu 对象,调用构造方法,给当前的 otherstu 对象赋初值
            Student otherstu = new Student("a002", "王飞", 21);
        }
    }
}
```

在例 7.7 中，第一次实例化对象时，是在操作 stu 对象，a001、张明、18 这些数据通过构造方法中的 this 关键字赋值给了 stu 对象。第二次实例化对象时，正在操作 otherstu 对象，a002、王飞、21 这些数据通过构造方法赋值给了 otherstu 对象。因此可以把 this 关键字看作一个替换词，它替代当前正在操作的这个对象名。

思考：例 7.8 输出的结果是什么？

例 7.8

```
using System;
using System.Collections.Generic;
using System.Text;

namespace Demo
{
    class Student
    {
        public string id;
        public string name;
```

```
        public int age;

        public Student(string Id, string Name, int Age)
        {
            //使用 this 关键字,表示给当前的对象成员赋值
            this.id = Id;
            this.name = Name;
            this.age = Age;
        }

        public void Study()
        {
            Console.WriteLine("我是{0},今年{1}岁", this.name, this.age);
        }
    }
    class Program
    {
        static void Main(string[] args)
        {
            Student stu = new Student("a001","张明",18);

            Student otherstu = new Student("a002", "王飞", 21);
            //调用 stu 对象的 Study 方法
            stu.Study();
        }
    }
}
```

7.4 命名空间

掌握了定义类的方法以后，我们接下来学习如何组织类。也就是说，当一个项目很大，需要编写很多类的时候，该怎么去组织类（如果一个项目中的两个类同名，那么会报命名冲突）。这和管理计算机中的文件是一个道理，如果在一个文件夹中存储两个文件名一样的文件，那么操作系统就会报错，只能把名称一样的文件分开放到不同的文件夹中。

那么 C#语言使用什么来组织类呢？答案是命名空间。命名空间是指为了更好地管理一些类而把这些类和实体集合起来的一个团体。命名空间是类的逻辑分组。例 7.9 中定义了一个命名空间，并在空间中定义了一个类。在前面的示例中，都是把 Student 类和主类（包含主方法的类称为主类）写在一起，也就是写在一个文件中。而例 7.9 在项目中添加了一个类文件，把 Student 类单独写到添加的类文件中，并自定义了命名空间——MyNameSpace。

例 7.9

```
using System;
using System.Collections.Generic;
using System.Text;

namespace MyNameSpace
{
    class Student
    {
        public string id;
        public string name;
        public int age;

        public Student(string Id, string Name, int Age)
        {
            //使用 this 关键字,表示给当前的对象成员赋值
            this.id = Id;
            this.name = Name;
            this.age = Age;
        }

        public void Study()
        {
            Console.WriteLine("我是{0},今年{1}岁", this.name, this.age);
        }
    }
}
```

在例 7.9 的代码中，第四行有一个关键字——namespace，这个关键字是用来定义命名空间的，关键字后面就是命名空间的名称，示例中的命名空间名称是 MyNameSpace。Student 类定义在这个命名空间中，那么以后使用这个类实例化对象的时候，就需要在 Main 方法中输入例 7.10 所示的代码。

例 7.10

```
using System;
using System.Collections.Generic;
using System.Text;

namespace Demo
{
    class Program
    {
        static void Main(string[] args)
        {
```

```
            MyNameSpace.Student stu = new MyNameSpace.Student("a001","张
明",18);
            MyNameSpace.Student otherstu = new MyNameSpace.Student("a002",
"王飞", 21);
            stu.Study();
        }
    }
}
```

在 Main 方法中实例化 Student 类对象时，必须先写命名空间名，然后才是类名（命名空间名和类名中间有“.”运算符）。这就好比要找一个文件，先要进入文件夹一样。这样，就算类名一样，但是其命名空间不一样，其也可以在一个项目中定义和使用。

虽然命名空间可以很好地组织类，以避免类名冲突，但是也带来了一些问题，那就是书写变得很麻烦，每次实例化 Student 类对象时，还要先写 MyNameSpace 命名空间名。为了解决这个问题，可以使用 using 关键字，预先引入命名空间，这样以后实例化 Student 类对象的时候，就不用写命名空间名了，如例 7.11 所示。

例 7.11

```
using System;
using System.Collections.Generic;
using System.Text;
using MyNameSpace;//预先引入命名空间

namespace Demo
{
    //<summary>
    //引入命名空间
    //</summary>
    class Program
    {
        static void Main(string[] args)
        {
            Student stu = new MyNameSpace.Student("a001","张明",18);
            Student otherstu = new MyNameSpace.Student("a002", "王飞", 21);
            //调用 stu 对象的 Study 方法
            stu.Study();
        }
    }
}
```

例 7.11 中预先引入了命名空间，在 Main 方法中实例化对象时，就不用再写命名空间名了。因为编译器已经知道了在哪个命名空间下去找 Student 类。

7.5 面向对象语言的特点和访问修饰符

7.5.1 面向对象语言的特点

前面学习到了面向对象的基本语法——类和对象，在这里简要回顾一下。类描述了一种共性，定义了某一类事物（对象）共同具有的特征和行为。对象是具体的个体，是属于某一类的具体的事物。我们总说，面向对象语言模拟了现实世界，那么面向对象编程语言都应该具有哪些特点呢？虽然面向对象语言有几十种，但是都具有以下 3 个特点。

1）封装：把不能对外公开的数据或功能隐藏起来。

2）继承：类似于现实世界继承的意思。

3）多态：一个事物（类）的多种表现形式。

记住面向对象语言的这 3 个特点非常重要。因为以上 3 个特点，每一个都有一些关键字和语法去体现它。本节将要介绍的关键字和语法就体现了封装这个特点。

说到封装，就是把不能对外公开的东西隐藏起来。初学者可以通过平时生活中的例子来理解封装的意义。例如，我们的手机、计算机及上面安装的 QQ、微信等软件是不希望被别人登录的，所以通常会设置密码，这个密码就是访问权限。在生活中有很多这样的例子。

7.5.2 访问修饰符

在 C#语言中，是怎么体现封装这个特点的呢？在类的语法中，类有成员变量和成员方法，成员变量用来保存对象的数据。有的数据可以让其他代码访问和修改，有的数据不允许其他代码访问和修改，这时，就需要对成员变量进行封装。访问修饰符就能起到封装成员变量的作用，它用来限制类成员的访问权限，保证对象的数据不被随意访问和修改。什么是访问修饰符呢？还记得前面示例中，定义类的成员变量前面的 public 关键字吗？它就是访问修饰符中的一种。表 7-1 列出了 C#语言中的访问修饰符。

表 7-1　C#语言中的访问修饰符

访问修饰符	说明
public	公开的，无限制条件，任何代码都可以访问
internal	可被同一个程序集的所有代码访问
protected	可被自己或子类的代码访问
private	私有的，只有自己的代码才能访问

这里将学习两个访问修饰符，并且这两个访问修饰符比较特殊。一个访问权限最高，任何代码都可以访问——public；一个访问权限最低，只有本对象的代码才能访问——private。下面的例 7.12 演示了 public 关键字的语法和含义。

例 7.12

```
using System;
using System.Collections.Generic;
using System.Text;

namespace Demo
{
    //定义 Student 类
    class Student
    {

    //3 个公开的成员变量,其他类中的代码可以访问和修改对象的这 3 个成员变量
        public string id;
        public string name;
        public int age;
    }

    //Program 是主类,虽然和 Student 类在一个文件中
    //但是是不同的两个类,是两块单独的代码
    class Program
    {
        static void Main(string[] args)
        {
            Student stu = new Student();//实例化一个 Student 类对象

            //下面的代码是对 stu 对象的两个成员变量进行赋值,也就是修改了里面的值
            //但是,这两行代码是在 Program 类中写的
            //在 Program 类中修改了 Student 类对象的值
            stu.name = "王明";
            stu.age = 20;
        }
    }
}
```

在例 7.12 中，有两个类：Student 类和 Program 类。Student 类有 3 个成员变量，public 关键字是公开修饰 3 个成员变量的，也就是其他类中的代码可以访问和修改 Student 类对象的这 3 个成员。在 Program 类的 Main 方法中实例化了一个 Student 类对象 stu，并且修改了 stu 的两个成员变量（因为定义 Student 类的时候，成员变量定义成 public）。也就是说，在 Program 类中写代码时，修改了 Student 类对象 stu 的成员变量数据。

综上所述，访问修饰符用于修饰类的成员变量，对类成员变量进行限制。其他类中的代码是否有权限修改这个类的某个对象的成员变量，要看定义类的时候，成员变量前面的访问修饰符是什么。例如，在例 7.13 中，实例化两个对象，但是两个对象的成员变量都可

以被修改，因为定义类的成员变量时，使用了 public 关键字。

例 7.13

```
using System;
using System.Collections.Generic;
using System.Text;
namespace Demo
{
    //定义 Student 类,其中包含 3 个 public 成员变量
    class Student
    {
        //3 个公开的成员变量,可以被其他类中的代码访问和修改
        public string id;
        public string name;
        public int age;
    }

    //Program 类是主类,因为包含主方法
    class Program
    {
        static void Main(string[] args)
        {
            Student stu = new Student();//实例化一个对象

            //下面 3 行代码是在对 stu 对象的成员变量赋值,修改了数据
            stu.id = "1001";
            stu.name = "王明";
            stu.age = 20;

            //实例化第二个对象,同样给对象的成员变量赋值,修改了成员变量的数据
            Student stu2 = new Student();
            stu.id = "1002";
            stu.name = "张三";
            stu.age = 18;
        }
    }
}
```

例 7.13 与例 7.12 有一点不同，例 7.13 实例化了两个对象，在主类 Program 的 Main 方法中修改了这两个对象的 3 个成员变量的数据。若类的成员变量定义成 public，那么它的对象的数据可以被其他类修改，并且这个类的所有对象都是这样，它们的成员变量都可以被随意修改。例 7.13 中的两个对象的成员变量都被修改了。

在已经讨论过的示例中，Student 类不管实例化了多少个对象，这些对象的成员变量都

是可以随时被修改的。由于将 Student 类定义为公开的，并未对其成员变量设置访问控制，因此所有对象的成员变量都是公开的，可以被其他类中的代码随意访问和修改。这就好像你的手机、计算机随时都会被他人登录一样。例如，Student 类有一个成员变量 score，其用来保存考试成绩，你肯定不希望其他类中的代码能修改它（如果 95 分被修改成 59 分，你就会很痛苦）。下面的例 7.14 就演示了这一点。

例 7.14

```
using System;
using System.Collections.Generic;
using System.Text;
namespace Demo
{
    class Student
    {
        //4 个公开的成员变量,可以被其他类中的代码访问和修改
        public string id;
        public string name;
        public int age;
        public int score;
    }
    class Program
    {
        static void Main(string[] args)
        {
            Student stu = new Student();
            stu.id = "1001";
            stu.name = "王明";
            stu.age = 20;
            stu.score = 59;//在 Program 类中,可以把你的分数改成 59 分,不受约束
        }
    }
}
```

解决这个问题时，需要使用 private 访问修饰符来修饰类的成员变量。private 是私有的意思，私有成员变量非常安全，其他类根本访问不了私有成员变量。图 7-5 所示的示例很好地演示了 private 的语法和作用。

如图 7-5 所示，Student 类有 name、id、age 这 3 个 public 成员变量，有 1 个 private 成员变量。可以看到，在 Program 类的 Main 方法中，stu 对象的 3 个 public 成员变量都可以被访问到并可以被赋值，但是 private 成员变量访问不了（打开后的列表中没有该成员变量），访问不了当然就修改不了。这就是 private 的作用——使其他类中的代码不能访问本类的私有成员，起到封装重要数据的作用。那么刚开始我们说，只有自己的代码才能访问自己私有的成员变量，这是什么意思呢？意思是，本类的私有成员，只有本类中的代码才能访问，下面给出例 7.15 进行说明。

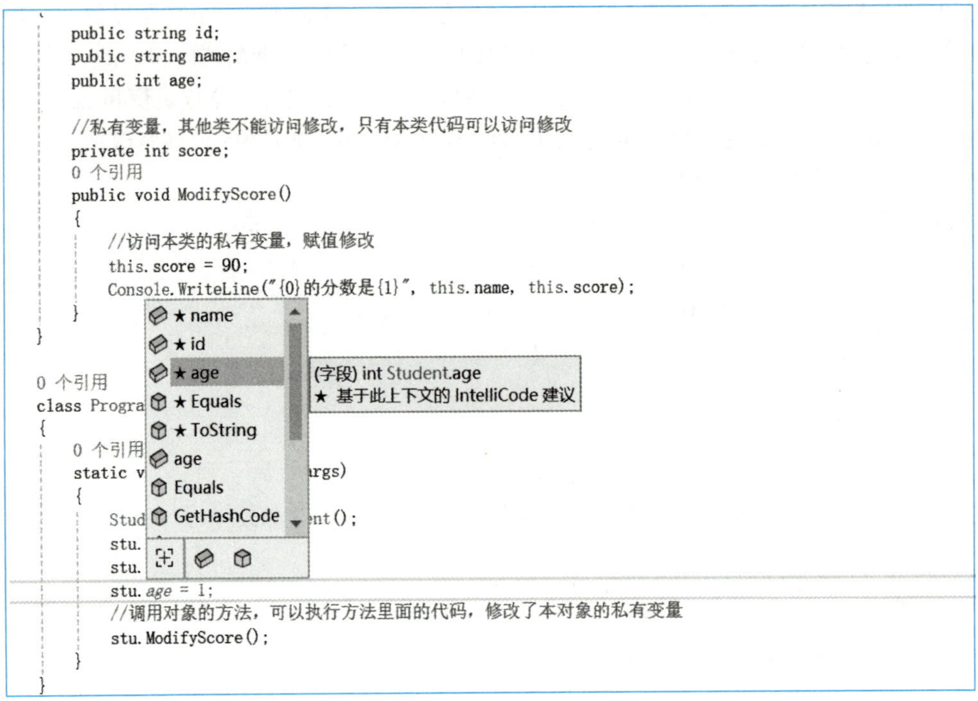

public string id;
public string name;
public int age;
//私有变量，其他类不能访问修改，只有本类代码可以访问修改
private int score;
0 个引用
public void ModifyScore()
//访问本类的私有变量，赋值修改
this.score = 90;
Console.WriteLine("{0}的分数是{1}", this.name, this.score);
★ name
★ id
★ age
★ Equals
★ ToString
age
Equals
GetHashCode
(字段) int Student.age
★ 基于此上下文的 IntelliCode 建议
0 个引用
class Progra
static v
rgs)
Stud
nt();
stu.
stu.
stu.age = 1;
//调用对象的方法，可以执行方法里面的代码，修改了本对象的私有变量
stu.ModifyScore();

图 7-5　私有成员不可见

例 7.15

```
using System;
using System.Collections.Generic;
using System.Text;

namespace Demo
{
    //定义 Student 类
    class Student
    {
        public string id;
        public string name;
        public int age;

        //私有变量,其他类不能访问修改,只有本类代码可以访问修改
        private int score;
        public void ModifyScore()
        {
            //访问本类的私有变量,赋值修改
            this.score = 90;
            Console.WriteLine("{0}的分数是{1}",this.name,this.score);
        }
    }
```

```
        class Program
        {
            static void Main(string[] args)
            {
                Student stu = new Student();
                stu.id = "1001";
                stu.name = "王明";
                stu.age = 20;
                //调用对象的方法,可以执行方法中的代码,修改了本对象的私有变量
                stu.ModifyScore();
            }
        }
    }
```

例 7.15 比较复杂，我们来整理一下思路。首先看 Student 类的定义，有 3 个 public 成员变量，1 个 private 成员变量 score，1 个 ModifyScore 方法，方法中修改了私有成员变量 score（赋值为 90），因为这个方法定义在 Student 类中，所以可以修改私有成员变量 score。在 Program 类的 Main 方法中，修改 public 成员变量的方法和前面一样，关键是后面调用 stu 对象的 ModifyScore 方法，调用了该方法后，会执行该方法中的代码，现在该方法属于 stu 对象，所以当然可以修改 stu 对象的私有成员。程序编译并运行后，结果如图 7-6 所示。

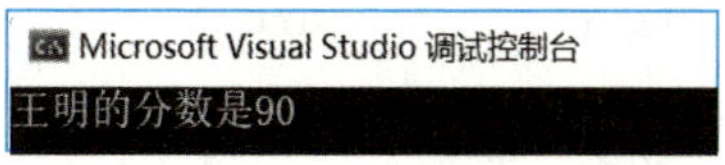
Microsoft Visual Studio 调试控制台
王明的分数是90

图 7-6　私有变量可被本类的方法修改

通过例 7.15 可知，私有成员变量只有本类的方法才能修改。实例化对象以后，就是本对象的方法修改本对象的私有成员变量了。

访问修饰符放到成员变量前面的语法已经介绍完毕，细心的读者可能会发现，成员变量前面的访问修饰符的作用，总的来说大同小异：public 修饰的方法可以在其他类中调用；如果是 private 修饰的方法，则在其他类中是调用不了的。把例 7.15 进行一点小改变，即把 ModifyScore 方法变成私有方法。那么，在 Program 类中，就调用不了 stu 对象的 ModifyScore 方法了。这是因为类定义该方法是私有的，所有对象的该方法就都是私有的了。

7.6　值类型和引用类型

7.6.1　数据类型的分类：值类型和引用类型

刚看到本节的标题，大家可能会感到奇怪，怎么又讨论数据类型，而且还分类成了值类型和引用类型，而不是前面学的 int、float 等类型呢？在前面已经介绍了一些基本的数据类型和枚举类型，其实，在 C#语言中，数据类型归根结底只有两种：值类型和引用类型。

前面介绍过的所有类型（int、float 等）都是值类型的数据，只有本项目的类是引用类型的数据。那么值类型的数据和引用类型的数据有什么区别呢？

从原理上解释，内存分为堆栈和堆两部分，值类型的数据存储在堆栈中，而引用类型的数据存储在堆中。从概念上解释，其区别是值类型的数据直接存放其值，值类型表示实际数据；而引用类型的数据存放的是数据在内存中的地址，读取到的是数据存放的地址。这两种数据类型在程序中有什么区别呢？下面使用例 7.16 来进行说明。

例 7.16

```
using System;
using System.Collections.Generic;
using System.Text;

namespace ValueType
{
    class Program
    {
        // <summary>
        // 值类型数据的赋值和修改
        // </summary>
        // <param name = "args"></param>
        static void Main(string[] args)
        {
            //整型变量是值类型数据
            int a = 1;
            int b = a;//将变量 a 的值赋值给变量 b,读取其数据并赋值给 b

            b = 8;//修改变量 b 的值为 8,变量 a 的值不变
            Console.WriteLine("现在 a 的值是{0},b 的值是{1}",a,b);
        }
    }
}
```

来看例 7.16，前面说过，int 变量属于值类型的数据，可直接存储这种类型数据的值，也可以直接读取其值。例 7.16 中的代码，把变量 a 的值赋值给了变量 b，在程序运行时直接读取变量 a 中的数据，然后复制（赋值）给变量 b。接着代码修改了变量 b 的值（赋值为 8），但是不会影响变量 a，变量 a 的值还是以前的 1，例 7.16 的运行结果如图 7-7 所示。

Microsoft Visual Studio 调试控制台
现在a的值是1，b的值是8

图 7-7　例 7.16 的运行结果

前面介绍了值类型数据之间的互相赋值，下面介绍引用类型数据之间的互相赋值，如例 7.17 所示。

例 7.17

```
using System;
using System.Collections.Generic;
using System.Text;

namespace ReferenceType
{
    class Student
    {
        public int age;
    }

    class Program
    {

        static void Main(string[] args)
        {
            //实例化对象 stuA 并给成员变量赋值,类对象是引用类型的数据
            Student stuA = new Student();
            stuA.age = 1;
            Student stuB = stuA;//定义对象 stuB,把对象 stuA 赋值给它
            //实际上是把 stuA 的内存地址赋值给 stuB
            stuB.age = 8;//修改 stuB 的数据,实际上修改了 stuA 的数据
            //因为修改的是同一个内存地址中的数据

            //输出修改后 stuA 的值和 stuB 的值
            Console.WriteLine("现在 stuA 的 age 是{0},stuB 的 age 值{1}",
stuA.age,stuB.age);
        }
    }
}
```

例 7.17 演示了类对象之间的赋值，代码看起来和值类型数据的赋值差别不大，但是原理却大不一样。对象 stuA 的成员变量 age 的值是 1，随后对象之间赋值，对象 stuA 赋值给对象 stuB，但是与值类型不同，值类型赋值的是数据，对象赋值的却是内存地址。这样对象 stuB 和对象 stuA 共享一块内存空间。修改了对象 stuB 的成员变量，也就是修改了对象 stuA 的成员变量。例 7.17 的运行结果如图 7-8 所示。

Microsoft Visual Studio 调试控制台
现在stuA的age是8，stuB的age值8

图 7-8　例 7.17 的运行结果

对比例 7.16 和例 7.17 可以知道，值类型的数据和引用类型的数据在内存分配上存在区别，从而影响赋值语句的差异。值类型的数据和引用类型的数据在作为方法的参数时，也能体现出这种差异。

下面给出两个具体的示例（例 7.18 和例 7.19）来揭示值类型数据和引用类型数据作为方法的参数时，它们之间的差异。

例 7.18

```
using System;
using System.Collections.Generic;
using System.Text;

namespace ValueType
{
    class Program
    {
        static void Main(string[] args)
        {
            int age = 18;
            changeAge(age);
            Console.WriteLine("现在变量 age 的值:" + age.ToString());
        }

        public static void changeAge(int Age)
        {
            Age = 28;
        }
    }
}
```

例 7.18 是值类型作为参数传递时的语法，修改了 changeAge(int Age)方法的形参 Age，根本改变不了 Main 方法中变量 age 的值，输出的结果还是 18。

下面的例 7.19 是引用类型类对象作为方法的参数。

例 7.19

```
using System;
using System.Collections.Generic;
using System.Text;

namespace ReferenceType
{
    class Student
    {
        public int age;
        public Student(int age)
```

```
        {
            this.age = age;
        }
    }

    class Program
    {

        static void Main(string[] args)
        {
            Student stu = new Student(18);
            changeAge(stu);
            Console.WriteLine(stu.age);
        }

        public static void changeAge(Student s)
        {
            s.age = 28;
        }
    }
}
```

例 7.19 演示了对象作为方法的参数传递时的语法。很明显，引用类型传递的是数据存储的地址，所以修改形参的成员变量也就是修改了实参的成员变量。上述代码的输出结果是 28。

7.6.2 值类型和引用类型的转换：装箱和拆箱

通过前面的学习，我们知道了 C#语言把数据类型分成了值类型和引用类型两种。为了方便程序的编写，两种数据类型是可以互换的，这就是“装箱”和“拆箱”。装箱就是将值类型转换为引用类型的过程，装箱后值类型（如整数）可作为引用类型（如对象）进行处理。例如，在需要引用类型的情况下，如果提供的是值类型，则系统就会进行隐式（自动）装箱，如下列代码所示。

```
int val = 100;
Object obj = val;   //系统自动进行装箱
Console.WriteLine("对象的值={0}",obj);
```

在上述代码中，Object 类需要说明一下，Object 类是系统预定义的一个类，所以 obj 是 Object 类对象，属于引用类型。在第二行代码系统自动进行了装箱操作，把值类型 val 变量中的数据复制到了引用类型 obj 中，变成了引用类型数据。

相反的操作，把引用类型数据转换成值类型数据，就是拆箱操作。例如，下列代码。

```
int val = 100;
```

```
Object obj = val;//隐式的装箱
int num = (int)obj;//显式的拆箱
Console.WriteLine("num 的值={0}", num);
```

在上述代码中，第二行代码是隐式的装箱，把值类型 val 转换成引用类型 obj。接着第三行代码就是拆箱，把转换后的 obj 再转换成值类型 num。这里需要说明的是，只有经过装箱的引用类型，才能进行拆箱。

7.7 项目实战：基于面向对象思想重构 ATM 系统

任务描述

在项目 1～项目 6 的项目开发中，所有代码都写在 ATM 类中，体现的是面向过程的编程方法，即按照功能的需求来编写代码；如果用面向对象的思想，那么应如何重构系统呢？

任务分析

重构 ATM 系统，需要基于面向对象的思想，面向扩张，松耦合；可划分为若干小类，各小类分别实现功能。

任务实施

1）打开控制台应用程序 MyATM。

2）添加相应的类，添加代码。

3）修改 Main 方法，代码如下。

```
//①关于银行数据库的类:BankDatabase(验证用户、查询账户等方法)
public class BankDatabase
    {
        private Account[] accounts;
        public BankDatabase()
        {
            accounts = new Account[2];
            accounts[0] = new Account(12345,54321,1000.00M, 1200.00M);
            accounts[1] = new Account(98765, 56789, 200.00M, 200.00M);
        }
        //根据用户银行卡号获取该用户账号
        private Account GetAccount(int accountNumber)
```

```
        {
            foreach (Account currentAccount in accounts)
            {
                if(currentAccount.AccountNumber == accountNumber)
                {
                    return currentAccount;
                }
            }
            return null;
        }
        //根据卡号和密码验证用户
        public bool AuthenticateUser(int userAccountNumber, int userPIN)
        {
            //先根据卡号获取账号
            Account userAccount = GetAccount(userAccountNumber);
            if(userAccount != null)
            {
                return userAccount.ValidatePIN(userPIN);
            }
            else
            {
                return false;
            }
        }
    //②存款的事务类:Deposit
    public class Deposit:Transaction
      {
        private decimal amount;
        private Keypad keypad;
        public override void Execute()
        {
            //确定存款金额
            amount = PromptForDepositAmount();
            if(amount != CANCELED)
            {
                UserScreen.DisplayMessage("\n 输入的存款金额为" + amount);
                //确认是否收到钱
                bool isReceived = depositSlot.IsMoneyReceived();
                if(isReceived)
                {
                    UserScreen.DisplayMessageLine("\n 存款成功~~");
                    Database.Credit(AccountNumber, amount);//存款到账户
                }
```

```
                else
                {
                    UserScreen.DisplayMessageLine("\n 存款时发生错误~~");
                }
            }
            else
            {
                UserScreen.DisplayMessageLine("\n 正在取消交易…");
            }
        }
    }

//③系统操作类:运行
using System;
namespace MyATM
{
    class Program
    {
        static void Main(string[] args)
        {
            ATM theATM = new ATM();
            theATM.Run();
            Console.ReadKey();
        }
    }
}
```

说明： Acount 类的定义见项目 8 的 8.6 节，这里不再赘述。

项 目 自 测

一、选择题

1. 命名空间的作用是（　　）。

   A. 初始化成员变量　　B. 实例化对象

   C. 解决命名冲突　　D. 为成员变量开辟内存空间

2. 下列引入命名空间的关键字是（　　）。

   A. using　　B. public　　C. enum　　D. namespace

3．下列对构造方法的描述中，正确的是（　　）。
　　A．提供了带参构造方法，编译器也会自动提供无参构造方法
　　B．构造方法与类名同名
　　C．构造方法没有返回值，所以定义时有 void 关键字
　　D．构造方法的调用方式和其他方法相同

4．类用来描述具有相同特征和行为的对象，它包含（　　）。（多选）
　　A．变量　　B．方法　　C．构造方法　　D．行为

5．在类的方法中，要访问当前对象的成员变量，需要使用关键字（　　）。
　　A．using　　B．this　　C．namespace　　D．ref

二、编程题

1．创建一个控制台应用程序，实现公司员工信息的输入和显示，显示该员工的工资总额。

【提示】这里要求掌握类的定义和对象实例化的方法。

1）定义一个类，类名为 Employee，该类有 3 个成员变量，分别用于存储员工姓名、员工等级和基本工资；1 个成员方法，用来根据等级计算工资。

2）实例化对象，保存员工的数据，对成员变量赋初值。

3）调用方法，显示该员工的工资总额。

【参考代码】

1）新建一个控制台应用程序项目，项目名称为 Example。

2）在 Program.cs 文件中定义 Employee 类。

3）在 Main 方法中添加代码，给成员变量赋值，调用方法查看工资总额，代码如下。

```
using System;
using System.Collections.Generic;
using System.Text;

namespace Demo
{
    class Employee
    {
        public string name;
        public int level;
        public int salary;

        public void DisplaySumSalary()
        {
            Console.WriteLine("{0}的工资总额是{1}!", this.name, this.salary *
this.level);
        }
```

```
    }
    //<summary>
    //定义类,实例化对象并调用方法
    //</summary>
    class Program
    {
        static void Main(string[] args)
        {
            Employee emp = new Employee();

            Console.WriteLine("请输入姓名");
            emp.name = Console.ReadLine();
            Console.WriteLine("请输入你的评级");
            emp.level = int.Parse(Console.ReadLine());
            Console.WriteLine("请输入基本工资");
            emp.salary = int.Parse(Console.ReadLine());

            emp.DisplaySumSalary();
        }
    }
}
```

4）程序编译并运行后，结果如图 7-9 所示。

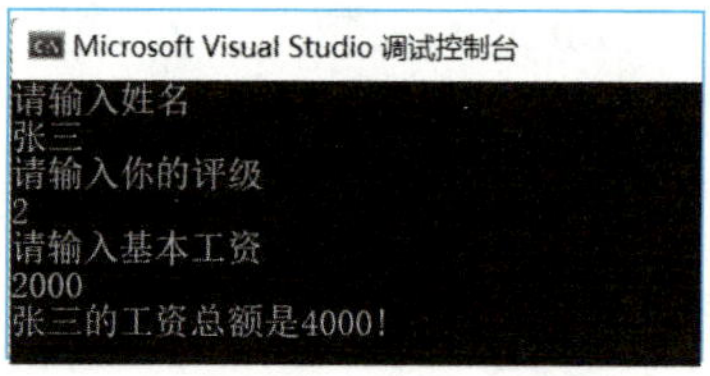

图 7-9　程序的运行结果 1

2．定义一个类，保存公司新招员工的信息，包括学历、姓名、性别、期望工资。如果没有填写学历，则默认学历为大学本科。

【提示】这里要求掌握构造方法的定义和使用方法。通过使用默认构造方法来创建并实例化对象（默认学历），通过使用带参构造方法来实例化另一个对象（学历不是默认的），并输出它们的结果。

【参考代码】

1）新建一个控制台应用程序项目。

2）在源代码文件中添加如下代码。

```
using System;
using System.Collections.Generic;
using System.Text;
```

```
namespace Demo
{
    class Employee
    {
        public string qualification;//学历
        public string name;//姓名
        public char gender;//性别
        public uint salary;//期望工资

        //默认构造方法,设置学历为大学毕业生
        public Employee()
        {
            this.qualification = "大学毕业生";
        }

        //参数化构造方法
        public Employee(string strQualification, string strName,char
cGender,uint empSalary)
        {
            this.qualification = strQualification;
            this.name = strName;
            this.gender = cGender;
            this.salary = empSalary;
        }
    }

    //<summary>
    //实例化多个对象,调用不同的构造方法实例化对象
    //</summary>
    class Program
    {
        static void Main(string[] args)
        {
            //调用默认构造方法
            Employee objGraduate = new Employee();

            //调用参数化构造方法
            Employee objMBA = new Employee("工商管理学硕士", "Tomy", 'm',
40000);
            Console.WriteLine("默认构造函数输出:\n 资格=" +
              objGraduate.qualification);
            Console.WriteLine("\n 参数化构造函数输出:\n 资格=" +
              objMBA.qualification);
```

```
            }
        }
    }
```

3）程序编译并运行后，结果如图 7-10 所示。

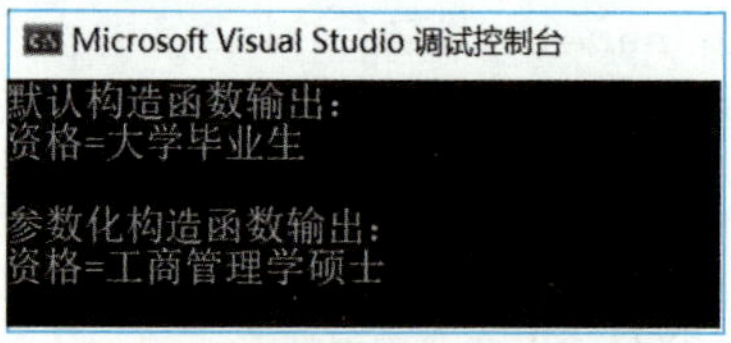

图 7-10　程序的运行结果 2

3．定义一个学生类，保存学生的姓名、学号和考试成绩，其中考试成绩是私有成员，编写公开的方法，实现成绩的读取功能。

【提示】这里要求掌握类的定义和访问修饰符的使用方法。

1）定义 Student 类的 3 个成员变量，姓名、学号定义为公开，成绩定义为私有。

2）在主方法中实例化对象，调用构造方法初始化对象的成员。

3）根据成绩输出 A、B、C、D 的评分。

【参考步骤】

1）新建一个控制台应用程序项目，然后右击解决方案资源管理器中的项目名，在弹出的快捷菜单中选择“添加”→“类”选项，打开“添加新项”对话框，如图 7-11 所示，然后在对话框中给添加的类文件设置文件名，这里设置为 Student.cs，其中 Student 就是类的类名。

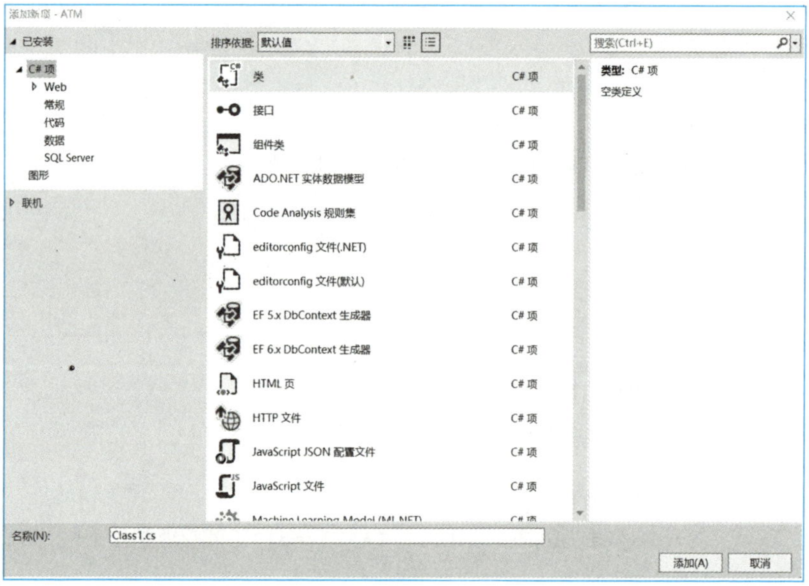

图 7-11　添加类

2）经过步骤 1），项目中会有两个类文件，一个是主类 Program 类，一个 Student 类。在 Student 类中添加如下代码。

```
class Student
{
    public string name;
    public string id;
    private int score;
    public Student(string Name, string Id, int Score)
    {
        this.name = Name;
        this.id = Id;
        this.score = Score;
    }
    public int getScore()
    {
        return this.score;
    }
}
```

3）在主方法中输入如下代码。

```
class Program
{
    static void Main(string[] args)
    {
        Student stu = new Student("张三","a001",98);
        if(stu.getScore() >= 90)
        {
            Console.WriteLine("{0}的成绩是A",stu.name);
        }
        else if(stu.getScore() >= 80)
        {
            Console.WriteLine("{0}的成绩是B", stu.name);
        }
        else if(stu.getScore() >= 60)
        {
            Console.WriteLine("{0}的成绩是C", stu.name);
        }
        else
        {
            Console.WriteLine("{0}的成绩是D", stu.name);
        }
    }
}
```

4）程序编译并运行后，结果如图 7-12 所示。

Microsoft Visual Studio 调试控制台
张三的成绩是A

图 7-12　程序的运行结果 3

4．编写一个类 Account，包含 4 个成员。私有成员变量 balance 表示账户余额；构造方法初始化余额；公开方法 GetBalance 返回余额的值；公开方法 AddBalance 为余额充值，该方法有一个参数，表示充值的数值。在主类 Program 中添加一个 CheckBalance 方法，接收 Account 类对象为参数，如果对象余额低于 5 块钱，则调用对象的 AddBalance 方法为其充值。

【提示】这里要求掌握引用类型数据作为方法参数的使用方法。

1）定义 Account 类，添加成员变量和成员方法。

2）在 Main 方法中实例化 Account 类，调用 checkBalance 方法。

3）根据对象的余额进行相应的操作。

5．编写一个 Calculator 类，其中两个成员变量存储两个操作数，定义 4 个成员方法，分别实现两个操作数的加、减、乘、除运算。

【提示】这里是要模拟电子计算器的功能，实现两个数的加、减、乘、除运算。

1）定义 Calculator 类，添加成员变量和成员方法。

2）在 Main 方法中实例化 Calculator 类。

3）根据用户输入的数字和选择，执行相应的方法。

4）输出结果。

项目 8

ATM 系统数据安全模块

项目导读

项目 7 介绍了面向对象语言非常重要的概念——类，我们知道类和对象是面向对象语言的基础。本项目将介绍面向对象更加广泛的内容和语法——结构体（与类类似的一种数据类型）、访问类私有成员的利器——属性及索引器，以及静态类和类图。

视频：ATM 系统数据安全模块

学习目标

- 理解结构体的概念。
- 掌握属性的定义及使用方法。
- 掌握索引器的使用方法。
- 掌握静态类的定义和使用方法。
- 掌握使用类图查看类的方法。
- 能编程实现 ATM 系统的数据安全模块。
- 培养勤于思考、善于总结、勇于探索的科学精神。

8.1 结构体

首先回顾一下前面学到的类。类中可以定义成员变量和成员方法，表示该类型对象所具有的特征和行为。并且类的对象是在内存的堆中开辟空间的，用于保存成员变量的数据。把类对象作为参数传递时，是把对象在内存中的地址传递给对方。类对象是属于引用类型的数据。

本节将要介绍一个新的语法——结构体，一个与类非常相似的数据类型。

C#语言中的结构体定义的语法格式如下。

```
访问修饰符  struct  结构体名
```

```
{
    定义结构体成员;
}
```

看到上述语法，也许大家会有一个疑问，那就是结构体中可以定义什么样的成员呢？答案非常简单，结构体中可以定义成员变量，也可以定义成员方法，它的组成与类非常相似。例如，定义下面这样一个结构体。

```
struct Student
{
    public string id;
    public int age;
    public string name;
    public void SayHello()
    {
        Console.WriteLine("你好!");
    }
}
```

看到上述结构体的定义，有的读者会说：这与类的定义没有什么区别啊！当然区别还是有的，首先定义结构体使用的关键字是 struct，而类的关键字是 class；其次也是最重要的，类是引用类型的数据，而结构体是值类型的数据。也就是说，当把结构体作为参数传递给方法时，是把数据复制给形参，如例 8.1 所示。

例 8.1

```
struct Student
{
        public string id;
        public int age;
        public string name;

        public void SayHello()
        {
            Console.WriteLine("你好!");
        }
}
class Program
{
        static void Main(string[] args)
        {
            Student stu;  //不需要 new 关键字创建对象
            stu.id = "1527";
            stu.name = "王明";
            stu.age = 24;
```

```
        Change(stu);
        Console.WriteLine(stu.name);
        Console.WriteLine(stu.age);
    }

    public static void Change(Student s)
    {
        s.name = "张飞";
        s.age = 48;
    }
}
```

前面介绍值类型和引用类型的差异时，用的是类似的示例，类对象传递的是地址，修改了形参 s，也就是修改了实参 stu。而现在传递的是结构体，是值类型的数据，修改形参 s 是改变不了实参 stu 的，例 8.1 编译并运行后的结果如图 8-1 所示。

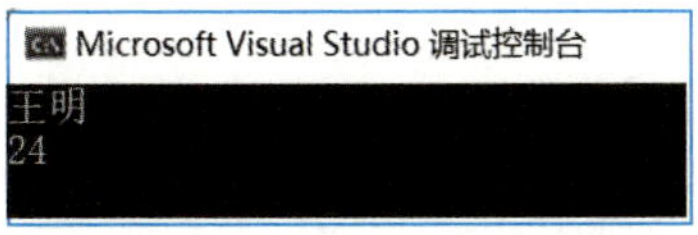

图 8-1　例 8.1 的运行结果

例 8.1 还有一点需要说明，“Student stu;”示例中加粗的这行代码，没有使用 new 来实例化结构体对象。这是因为结构体对象是值类型数据，并不是必须使用 new 关键字创建对象的。

结构体和类使用方式的不同点如表 8-1 所示。

表 8-1　结构体和类使用方式的不同点

结构体	类
值类型	引用类型
不能有无参构造方法	可以有无参构造方法
创建对象时可以不用 new 关键字	创建对象时必须用 new 关键字
不能被继承	可以被继承

表 8-1 中有的知识点还没有学到，如继承。在后面的项目中会介绍继承这个知识点。在以后的开发中大家才能真正体会并理解结构体与类的区别。

8.2 访问私有成员的利器——属性

前面介绍了两个访问修饰符：private 和 public。一般使用 public 修饰符来定义成员变量和成员方法（因为要在类外访问它），但其实这破坏了类的封装性，因为任何类都可以访问 public 成员。因此，C#语言引入了一个新的概念——属性。

8.2.1 定义和使用属性

public 修饰符用于指定公开的成员变量，所有的类都可以访问它；private 修饰符用于指定私有成员变量，只有在本类内部的代码才能访问它。这就造成了一个问题，public 不安全，private 访问不方便（需要给类添加 public 方法，来实现对私有成员变量的读写）。为了解决这个问题，C#语言提供了属性，通过属性读取和写入私有成员变量，以此对类中的私有成员变量进行保护。属性在实现这种保护的同时，允许用户像直接访问成员变量一样访问属性。定义属性的语法格式如下。

```
访问修饰符  数据类型  属性名
{
    get
    {
            返回私有成员变量;
    }
    set
    {
            设置私有成员变量;
    }
}
```

属性拥有两个类似于方法的块：一个块用于获取成员变量的值，另一个块用于设置成员变量的值，分别用 get 和 set 关键字来定义。同时属性定义必须有数据类型，属性的数据类型与所保护的成员变量的数据类型是一致的。下面的例 8.2 演示了定义属性的完整代码和语法。

例 8.2

```
class Person
{
    private int age;
    private string name;
    public int Age
    {
        get
        {
            return this.age;
        }
        set
        {
            this.age = value;
        }
    }
```

```
        public string Name
        {
            get
            {
                return this.name;
            }
            set
            {
                this.name = value;
            }
        }
        public Person(int Age, string Name)
        {
            this.age = Age;
            this.name = Name;
        }
    }
```

在例 8.2 中，为了对私有成员变量 age 和 name 进行读写，定义了两个属性：Age 和 Name。通过这两个属性，不仅可以读取 age 和 name 的值，还可以给它们赋值。下面的代码演示了在主类中如何使用这两个属性。

```
static void Main(string[] args)
{
    Person p = new Person(24, "张三");
    Console.WriteLine("我的名字是{0}, 年龄是{1}", p.Name, p.Age);
    //对 Age 属性进行赋值,就是对私有成员变量 age 进行赋值
    p.Age = 18;
}
```

在例 8.2 中，输出语句通过两个属性的 get 块读取了私有成员的数据。然后通过 Age 属性的 set 块，将 18 赋值给了私有成员变量 age，set 块中的 value 为内置参数，表示赋值运算符“=”右侧的数值。程序编译并运行后的结果如图 8-2 所示。

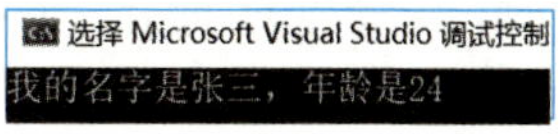
选择 Microsoft Visual Studio 调试控制
我的名字是张三，年龄是24
图 8-2　例 8.2 的运行结果

通过例 8.2 可以看到，访问属性和访问成员变量一样方便，但是属性的功能并不仅仅局限于此，我们还可以用属性控制对成员变量的访问权限；可以省略其中的一个块来创建只读或只写属性，这样就可以控制对成员变量的读取或写入了。属性至少要包含一个块，才是有效的。对于例 8.2，如果想让用户只能读取成员变量 age 和 name 的值，则省略 Age 和 Name 属性的 set 块就可以了，如例 8.3 中的代码所示。

例 8.3

```
class Person
{
    private int age;
    private string name;
```

```
        public int Age
        {
            get
            {
                return this.age;
            }
        }
        public string Name
        {
            get
            {
                return this.name;
            }
        }
        public Person(int Age, string Name)
        {
            this.age = Age;
            this.name = Name;
        }
    }
```

例 8.3 中定义的属性，类外的代码就只能读取不能赋值（写入）。根据属性读写的权限，可以分为如下 3 种类型：可读可写属性、只读属性（省略 set 块）、只写属性（省略 get 块）。

一般来说，属性都会被定义成读写属性或只读属性，不会被定义成只写属性，若没有成员变量，则只让赋值而不让读取。

编码标准：属性名一般用帕斯卡命名法声明。

8.2.2 自动属性

在 C# 3.0 和更高版本中，当属性的访问器中不需要其他逻辑时，自动实现的属性可使属性声明更加简洁。客户端代码还可以通过这些属性创建对象，如例 8.4 所示，声明属性时，编译器将创建一个私有的匿名支持字段，该字段只能通过属性的 get 和 set 访问器进行访问。

例 8.4

```
namespace AutoProperty
{
    class AutoPerson
    {
        public string Name{get; set;}
        public int Age{get;set;}
        public double Height{get; set;}
    }
}
```

自动属性的语言特性提供了一个优雅的方式使编码更加简洁，同时还保持属性的灵活性。自动属性允许用户避免手动声明一个私有成员变量及编写 get/set 逻辑，取而代之的是，由编译器自动生成一个私有变量和默认的 get/set 操作。

8.3 索引器

索引器是一种特殊类型的属性，可以把它添加到一个类中，以提供类似于数组的访问。实际上，可以通过索引器提供更复杂的访问，因为可以定义和使用复杂的参数类型和方括号语法。它最常见的一个用法是对对象执行简单的数字索引。

例如，一家公司的某个部门人数很多，假设部门经理需要一份员工记录，或许用于更新资料，或许只是了解一些信息。为此，可不必定义传统的方法来设置职员记录和获取职员记录，而是在类中提供一个索引器。索引器可以是职员的编号或姓名。与通常的传统访问方法相比，索引器客户端的代码更加简洁。

索引器提供一种特殊的方法，用于编写可使用方括号运算符调用的 get 和 set 访问方法，而不是用传统的方法调用语法。其语法格式如下。

```
[访问修饰符] 数据类型 this[数据类型 标识符]
{
    get{ … }
    set{ … }
}
```

定义索引器与定义属性非常相似。定义索引器要遵循的原则如下。

1）指定确定索引器可访问性的访问修饰符。

2）指定索引器的返回类型。

3）使用 this 关键字。

4）左方括号后面是索引器的数据类型和标识符，然后是右方括号。

5）左大括号表示索引器主体的开始，在此处定义 get 和 set 访问器，与定义属性一样，最后插入右大括号。

需要注意的是，仅有一个元素时没必要使用索引器进行检索，一般是针对类的数组元素使用索引。

要访问一个类的数组元素，需要在对象名称之后说明数组名称，然后指定数组的索引值，最后赋值。但是通过为数组定义索引器，可以通过指定类对象的索引直接访问数组元素。索引器允许按照数组的方式检索对象的数组元素。正如属性可以使用户像访问字段一样访问对象的数据，索引器可以使用户像访问数组一样访问类成员。这就是索引的作用。

通过例 8.5，可以了解在 C#语言中是如何定义和调用索引器的。

例 8.5

```
using System;
```

```
using System.Collections.Generic;
using System.Text;

namespace Test
{
    //Photo 表示照片
    class Photo
    {
        private string _title;
        public Photo(string tilte)
        {
            this._title = tilte;
        }
        public string Title  //只读属性
        {
            get
            {
                return this._title;
            }
        }
    }

    //此类表示相册,即照片的集合
    class Album
    {
        //用于存储照片的数组
        private Photo[] photos;
        public Album(int capacity)
        {
            this.photos = new Photo[capacity];
        }

        public Photo this[int index]
        {
            get
            {
                //验证索引范围
                if(index < 0 || index >= this.photos.Length)
                {
                    Console.WriteLine("索引无效");
                    return null;//表示失败
                }
                return photos[index];//返回请求的照片
```

```
            }
            set
            {
                //验证索引范围
                if(index < 0 || index >= this.photos.Length)
                {
                    Console.WriteLine("索引无效");
                    return ;//表示失败
                }
                this.photos[index] = value;//向数组加载新的照片
            }
        }

        public Photo this[string title]
        {
            get
            {
                //遍历数组中的所有照片
                foreach (Photo p in photos)
                {
                    if(p.Title == title)
                        return p;
                }
                Console.WriteLine("未找到");
                //使用 null 指示失败
                return null;
            }
        }
    }

    class TestIndex
    {
        static void Main(string[] args)
        {
            //创建容量为 3 的相册
            Album friends = new Album(3);

            //创建 3 张照片
            Photo first = new Photo("Jenn");
            Photo second = new Photo("Smith");
            Photo third = new Photo("Mark");

            //向相册加载照片
```

```
                friends[0] = first;
                friends[1] = second;
                friends[2] = third;

                //按索引进行检索
                Photo obj1 = friends[2];
                Console.WriteLine(obj1.Title);

                //按名称进行检索
                Photo obj2 = friends["Jenn"];
                Console.WriteLine(obj2.Title);
            }
        }
    }
```

程序编译并运行后，结果如图 8-3 所示。

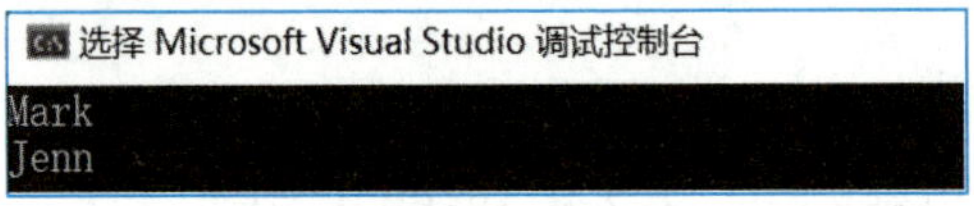

图 8-3　例 8.5 的运行结果

相册就是一组照片，因为相册可以视为一个集合，是使用索引器的合适候选对象，以便提供对其底层部分的访问。在例 8.5 中，为相册包含的照片定义了两个不同的索引器：一个读/写索引器，按整数索引访问照片；一个只读索引器，按标题访问照片。

类 Photo 表示照片，它使用属性 Title 存储照片的标题，类 Album 存放数组 Photo 中的照片。构造函数接收相册的容量（照片的张数），并用分配的容量实例化数组。在 Album 类中定义读/写器，允许访问底层的照片数组。索引器的返回类型为 Photo，参数为 int。对索引执行验证确保其在范围内。

类 Album 中定义只读索引器，允许按标题访问照片的底层数组。索引器的返回类型为 Photo，参数为 string，这说明索引器可以重载。一个类可以有多个索引器，这可以通过指定不同的索引类型来实现。

因此，索引器具有属性的优点，同时又能像访问数组一样访问集合或类的数组。

8.4 静　态　类

静态类是只包含静态成员的类。定义静态类的语法非常简单，在 class 关键字前面加上 static 关键字就可以了。其语法格式如下。

```
static class Person
{
```

```
        //静态类成员定义
    }
```

从中可以看到，静态类的定义语法不太复杂，而且成员的定义也相对简单——全部都是静态成员：静态成员变量和静态成员方法。类和静态类的区别如表 8-2 所示。

表 8-2　类和静态类的区别

类	静态类
使用 static 关键字	不使用 static 关键字
必须只有静态成员	可以包含静态成员
使用类名访问成员和方法	实例化对象后才能访问非静态成员
不能被实例化	可以被实例化
不包含实例构造方法，只有静态构造方法	包含实例构造方法

8.5 使用类图查看类的构造

本项目介绍了很多类型的类成员。在开发软件的过程中，会编写大量的类，这些类的成员也会有很多类型（属性、索引器、成员变量、成员方法等）。一款软件的成功开发往往是一个开发小组一起努力的结果，所以经常会向其他程序员说明类和类之间的关系及类的构造。这时，使用代码说明是非常不方便的。在面向对象的编程中，会经常使用一种表示类的构造及类与类之间关系的图表——类图，如图 8-4 所示。

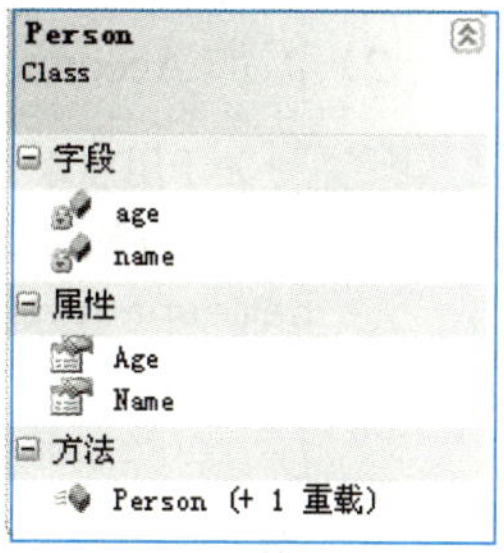

图 8-4　类图示例

从图 8-4 中可以看到，类的成员通过不同的图标表示出来，如私有成员会在图标的左下方有一把锁。方法后面的括号表示该方法有几个版本。如果想在 Visual Studio 中给一个类添加类图，则可以在 Visual Studio 的资源管理器中选择要显示类图的类，然后选择“视图”→“类视图”选项，如图 8-5 所示。

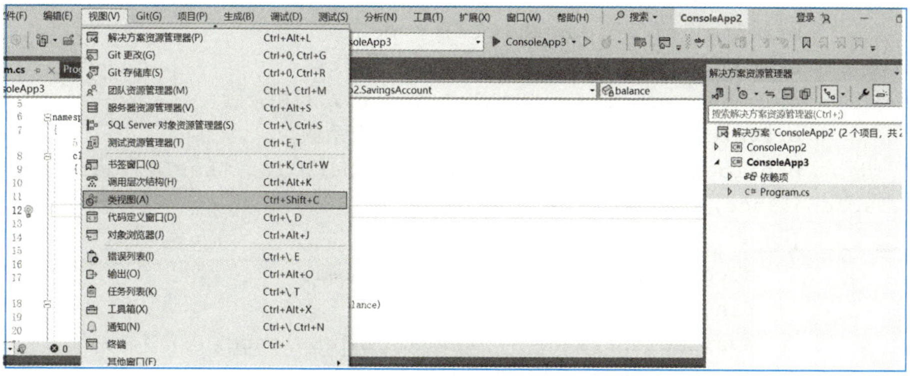

图 8-5　选择“类视图”选项

打开一个类图，可以将其他类拖入类图显示出来，并且还可以显示两个类之间的关系。类之间的关系将在项目 9 中进行介绍。

8.6 项目实战：编程实现 ATM 系统数据安全模块功能

任务描述

在实际的 ATM 系统中，每个开卡用户都有银行账号、密码、余额、绑定电话等字段。个人可以修改密码，银行卡绑定电话变更需要到开户行进行办理，账号、余额只能读取。

任务分析

在本任务中，银行卡密码可读写，账号、余额只读。

任务实施

1）打开控制台应用程序 MyATM。

2）添加 Account 类，添加如下代码。

```
    /*关于用户账号的类:Account 类中包含与账号、密码、可用余额、总余额相关的字段和属性，
并提供了存款和取款的方法*/
    namespace MyATM
    {
        //<summary>
        //用户账号
        //</summary>
        public class Account
        {
            private int accountNumber; //账号
            private int pin;//用来验证银行密码
            private decimal availableBalance;//可用余额
            private decimal totalBalance;//总余额
            public Account(int theAccountNumber, int thePIN, decimal
theAvailableBalance, decimal theTotalBalance)
            {
                accountNumber = theAccountNumber;
                pin = thePIN;
                availableBalance = theAvailableBalance;
                totalBalance = theTotalBalance;
            }
```

```
            //账号,只读属性
            public int AccountNumber
            {
                get{return accountNumber;}
            }
            //可提取余额,只读属性
            public decimal AvailableBalance
            {
                get{return availableBalance;}
            }
            //总余额,只读属性
            public decimal TotalBalance
            {
                get{return totalBalance;}
            }
            //验证输入的密码是否正确
            public bool ValidatePIN(int userPIN)
            {
                return (userPIN == pin);
            }
            //存款
            public void Credit(decimal amount)
            {
                totalBalance += amount;
            }
            //取款
            public void Debit(decimal amount)
            {
                availableBalance -= amount;
                totalBalance -= amount;
            }
        }
    }
```

项 目 自 测

一、选择题

1. (　　) 在属性的 set 块内实现，用于访问传递给该属性的内置参数。

A. this　　B. value　　C. args　　D. property

2. 属性的（　　）块用于将值赋给类的私有实例变量。

A. get　　B. set　　C. this　　D. value

3. 索引器（　　）可以重载。

A. 可以　　B. 不可以

4. 建议不使用（　　）属性。

A. 只写　　B. 只读　　C. 可读可写　　D. 以上都不是

5. 在C#语言中，下列关于索引器的说法中，正确的是（　　）。

A. 索引器没有返回类型

B. 索引器一般用来访问类中的数组元素或集合元素

C. 索引器的参数类型必须是 int 类型

D. 索引器的声明可以使用类名或 this 关键字

二、简答题

C#语言中的索引器是什么？

三、编程题

1. 用户从键盘输入银行利息和利率，然后计算出获得的总利息并输出。

【提示】这里要求掌握属性的定义和使用方法。为了达到封装的特性，将用户的账号、余额和已获利息等字段定义为私有，然后通过属性对其进行相关的操作。

【参考代码】

1）启动 Visual Studio 2022。

2）创建一个新的项目 Example，模板选择控制台应用程序。

3）添加如下代码。

```
using System;
using System.Collections.Generic;
using System.Text;

namespace Example
{
    class SavingsAccount
    {
        //用于存储账户号码、余额和已获利息的类字段
        private int accountNumber;
        private double balance;
        private double interestEarned;

        //利率是静态的，因为所有的账户都使用相同的利率
        private static double interestRate;
        //构造函数初始化类成员
```

```
public SavingsAccount(int accountNumber, double balance)
{
    this.accountNumber = accountNumber;
    this.balance = balance;
}

//AccountNumber 为只读属性
public int AccountNumber
{
    get
    {
        return this.accountNumber;
    }
}

//Balance 为只读属性
public double Balance
{
    get
    {
        if(this.balance < 0)
            Console.WriteLine("无余额");
        return this.balance;
    }
}

//InterestEarned 为读/写属性
public double InterestEarned
{
    get
    {
        return this.interestEarned;
    }
    set
    {
        //验证数据
        if(value < 0)
        {
            Console.WriteLine("利息不能为负数");
            return;
        }
        this.interestEarned = value;
    }
```

```
        }

        //InterestRate 的读/写属性为静态
        //因为所有特定类型的账户都具有相同的利率
        public static double InterestRate
        {
            get
            {
                return interestRate;
            }
            set
            {
                //验证数据
                if(value < 0)
                {
                    Console.WriteLine("利率不能为负数");
                    return;
                }
                else
                {
                    interestRate = value / 100;
                }
            }
        }
    }
    class TestSavingsAccount
    {
        static void Main(string[] args)
        {
            //创建 SavingsAccount 的对象
            SavingsAccount objSavingsAccount = new SavingsAccount(12345, 5000);
            //用户交互
            Console.WriteLine("输入到现在为止已获得的利息和利率");
            objSavingsAccount.InterestEarned =
            Int64.Parse(Console.ReadLine());
            SavingsAccount.InterestRate = Int64.Parse(Console.ReadLine());
            //使用类名访问静态属性
            objSavingsAccount.InterestEarned += objSavingsAccount.
            Balance * SavingsAccount.InterestRate;
            Console.WriteLine("获得的总利息为:{0}",
            objSavingsAccount.InterestEarned);
        }
    }
}
```

属性 AccountNumber 和 Balance 是只读属性，不能被赋值。InterestEarned 是读/写属性，用户可以通过指定以前获得的利息金额来对它进行赋值。因为所有类型账户的利率都是相同的，所以定义为静态属性 InterestRate。

4）程序编译并运行后，结果如图 8-6 所示。

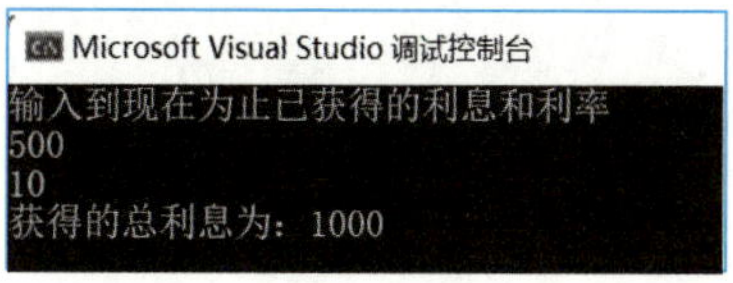

图 8-6　程序的运行结果 1

2．通过索引器对数组元素进行赋值并输出。

【提示】这里要求掌握索引器的定义和使用方法，可以先创建数组，再通过索引器对数组进行赋值并遍历输出。

【参考代码】

1）启动 Visual Studio 2022，创建一个控制台应用程序，输入项目名称为 Indexer。

2）在命名空间为 Indexer 的开头进行索引器的定义。

3）在项目 Indexer 的 Program.cs 文件的 Main 方法中使用索引器对数组元素进行赋值并输出。

4）程序代码如下。

```
using System;
using System.Collections.Generic;
using System.Text;

namespace Indexer
{
    class Number
    {
        private int[] str = new int[10];
        //声明索引
        public int this[int index]
        {
            get
            {
                //检查索引的取值范围
                if(index < 0 || index > 10)
                {
                    return 0;
                }
                else
                {
                    return str[index];
```

```
                }
            }
            set
            {
                if(index >= 0 && index < 10)
                {
                    str[index] = value;
                }
            }
        }
    }
    class Program
    {
        static void Main(string[] args)
        {
            Number test = new Number();
            //使用索引器对数组元素进行赋值
            test[0] = 2;
            for(int i = 1; i < 10; i++)
            {
                test[i] = 2 * test[i - 1];
            }
            for (int j = 0; j < 10; j++)
            {
                Console.Write("test[{0}]={1,-5}", j, test[j]);
                //控制输出换行
                if ((j+1) % 3 == 0)
                    Console.WriteLine();
            }
        }
    }
}
```

5）程序编译并运行后，结果如图 8-7 所示。

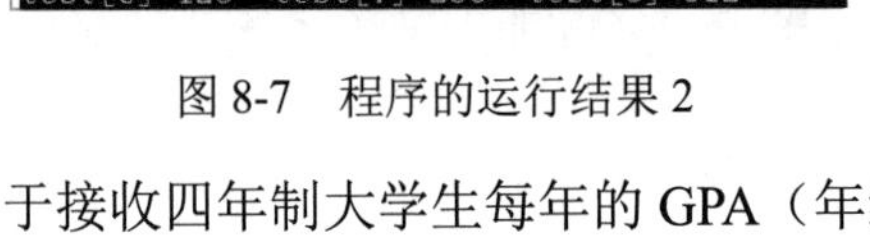

图 8-7　程序的运行结果 2

3．编写一个程序，用于接收四年制大学生每年的 GPA（年级平均成绩），计算 4 年的 GPA 平均值，并输出该值。

【提示】这里要求编写程序实现对大学生 4 年的成绩访问并计算平均成绩的功能。在此问题中，需要一个数组，用于存放每年的 GPA。可以使用索引器存储和检索每年的 GPA，此外，年级可以作为索引器的索引。设置每年的 GPA 时，需要进行验证，以便检查年级是否从一到四。

此外，因为年级是从一到四且存储 GPA 的数组是基于零的，所以可以通过将用于获取相应索引的年级减去 1，来保持年级与数组的一一对应。

项目 9 ATM系统员工管理模块

项目导读

面向对象的三大特征是封装、继承和多态，类和对象其实就是封装的过程。本项目将介绍面向对象的另外两大特征：继承和多态。

学习目标

- 理解继承、多态的概念。
- 了解继承中的构造函数。
- 掌握继承、密封类的语法。
- 掌握 base 和 protected 关键字的语法。
- 能利用 base 关键字显式调用父类构造方法。
- 能利用 virtual 和 override 关键字实现重写。
- 能编程实现 ATM 系统员工管理模块功能。
- 树立实事求是的态度、求真务实的精神及积极向上的学习态度。

9.1 继承

继承，在生活中经常会碰到这个词语，如某某继承了父辈的遗产，某某继承了中华民族勤劳、勇敢、吃苦耐劳的优良传统。在生活中，继承的意思是以前创造、发明、通过努力得到的事物，传递给其他人，使他们也具有了这些事物和特点。

在软件开发过程中，经常会碰到这样的问题，以前开发的软件或某个功能，在后来的开发中又需要重新编写，做重复的事情，这降低了开发的效率。为了提高软件模块的可重用性，提高软件的开发效率，总是希望能够利用前人或自己以前的开发成果。C#语言这种面向对象的程序设计语言为我们提供了一个重要的特性——继承性（inheritance）。

继承是面向对象程序设计的主要特征之一，它可以让用户重用代码，也可以节省程序设计的时间。继承就是在类之间建立一种从属关系，使新定义的子类（也称派生类）的实例具有父类（也称基类）的特征和能力。任何类都可以继承其他的类，这就是说，这个类拥有它继承的类的所有成员。在面向对象的程序设计中，被继承的类称为父类或基类，继承了其他类的类称为子类或派生类。

在编程中使用继承，可以达到代码重用的目的。使用继承时无须从头开始创建新类，可以在现有类的基础上添加新方法、属性和事件（事件是对用户操作的响应），既省时又省力。

9.1.1　继承 C#语言中的类

继承的语法非常简单，只需要把父类的类名写在类名的后面，中间加一个“:”号即可。继承的语法格式如下。

```
class 类名:父类类名
{
}
```

这里要强调的是，一旦继承了某个类，那么就会拥有那个类的特征（成员变量）和行为（成员方法）。

下面通过例 9.1 来说明继承的语法，以及什么是子类、什么是父类。

例 9.1

```
using System;
using System.Collections.Generic;
using System.Linq;
using System.Text;
namespace InheritanceDemo
{
    //定义 Person 类,包含两个公开成员变量和一个方法
    class Person
    {
        public int age;
        public string name;

        public void Speak()
        {
            Console.WriteLine("你好,我是{0},很高兴认识你!",this.name);
        }
    }

    //定义 Student 类。Student 类继承了 Person 类
    //所以 Student 类是子类,Person 类是父类
    class Student:Person
    {
```

```
        //在 Student 类中没有任何代码,但是因为继承了 Person 类
        //所以 Student 类实际上也有 age 和 name 两个成员变量,以及 Speak 方法
    }

    class Program
    {
        static void Main(string[] args)
        {
            Student stu = new Student();
            //访问 Student 对象的成员变量
            stu.name = "姚明";
            stu.age = 24;
            //调用 Student 对象的 Speak 方法
            stu.Speak();
        }
    }
}
```

从例 9.1 中可以看到，Student 类继承了 Person 类，虽然在 Student 类中没有编写任何代码，但是 Student 类也有 name 和 age 两个成员变量及 Speak 方法，可以给这些成员变量赋值，还可以调用 Speak 方法。这就是继承的作用。在这里，Person 类是父类，Student 类是子类。

程序编译并运行后，结果如图 9-1 所示。

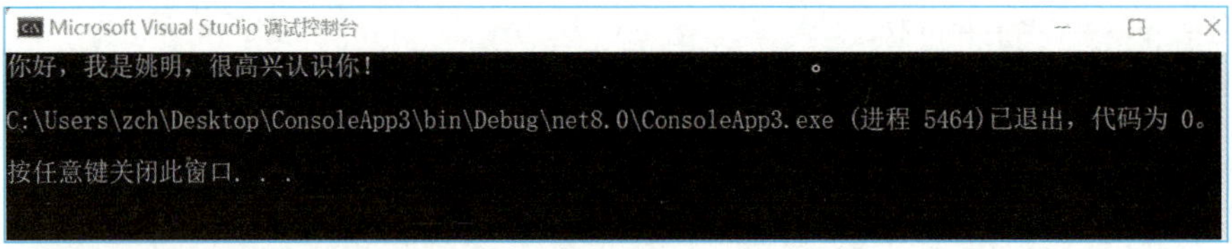

图 9-1　例 9.1 的运行结果

在例 9.1 中，为了说明继承的语法，将 3 个类的定义都写在了一个文件中。但是，应注意，在一个类文件中定义一个类是良好的编程习惯。

有读者会问：子类可以继承父类的成员变量和成员方法（当然还有属性、事件等），那么能在继承的基础上添加新的成员变量和方法吗？答案是：当然可以！如例 9.2 所示，类 Student 在继承类 Person 的成员时，又添加了新的成员变量和成员方法。

例 9.2

```
using System;
using System.Collections.Generic;
using System.Linq;
using System.Text;

namespace InheritanceDemo
```

```
{
    //定义 Person 类,包含两个公开成员变量
    class Person
    {
        public int age;
        public string name;

        public void Speak()
        {
            Console.WriteLine("你好,我是{0},很高兴认识你!",this.name);
        }
    }

    //定义 Student 类,Student 类继承了 Person 类
    class Student:Person
    {
        //新添加的成员变量 stuid, Student 类就有 3 个成员变量
        public int stuid;

        //新添加的成员方法 Study,加上继承的方法 Speak,共两个方法
        public void Study()
        {
            Console.WriteLine("好好学习,天天向上!");
        }
    }

    class Program
    {
        static void Main(string[] args)
        {
            Student stu = new Student();

            stu.stuid = 1;
            stu.name = "姚明";
            stu.age = 24;

            stu.Speak();
            //调用 Student 对象的 Study 方法
            stu.Study();
        }
    }
}
```

在例 9.2 中，Student 类继承了 Person 类的 2 个成员变量和 1 个成员方法，并且还添加了 1 个新的成员变量 stuid 和 1 个新的方法 Study，这样 Student 类就有了 3 个成员变量和 2 个成员方法，且可以调用继承的 Speak 方法和 Study 方法。程序编译并运行后的结果如图 9-2 所示。

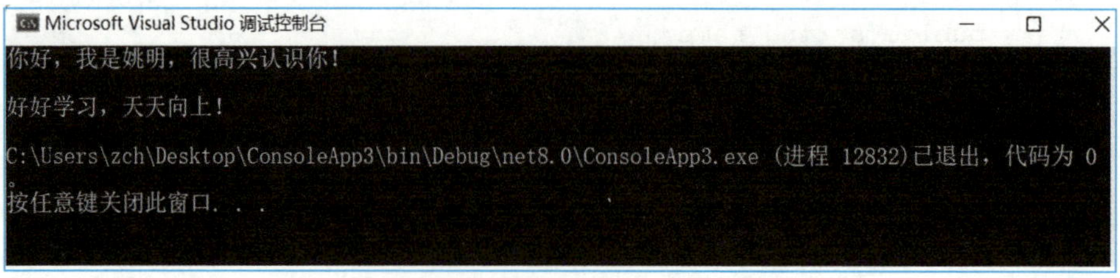

图 9-2　例 9.2 的运行结果

继承的特点如下。

1）继承的单根性。一个类只能有一个父类。在例 9.2 中，Student 类的父类是 Person 类，就不能再继承其他类了。但是，Person 类可以有多个子类。

2）继承的传递性。如果 A 类被 B 类继承，B 类又被 C 类继承，那么 C 类拥有 A 类和 B 类所有的成员变量和方法。

介绍完了继承的基本语法后，有的读者可能会问一个问题：父类的什么东西不能被子类继承？答案是：父类的构造方法及私有成员不能被继承。那么又有一个问题：子类可以从父类继承成员变量，但是不能继承构造方法，那么子类如何初始化继承而来的成员变量呢？

9.1.2　继承中的构造方法

我们知道，构造方法用于初始化类的成员字段，所以子类会自动调用父类的构造方法，以帮助子类初始化成员变量。

如果对类没有定义构造方法，则编译器将发挥作用并提供默认的构造方法，以初始化这些类的成员字段。在这种情况下，编译器需要逐一向上浏览整个上级类的构造方法，以将继承来的所有字段都初始化为其默认值，然后子类就会自动调用父类的构造方法，如例 9.3 所示。

例 9.3

```
using System;
using System.Collections.Generic;
using System.Linq;
using System.Text;

namespace InheritanceDemo
{
    class Person
    {
        public int age;
        public string name;
```

```
        public Person()
        {
            Console.WriteLine("我是父类无参构造方法");
        }
    }

    //Student 类继承了 Person 类,没有提供构造方法
    class Student:Person
    {
        public int stuid;
    }

    class Program
    {
        static void Main(string[] args)
        {
            //实例化子类对象,调用子类构造方法,会自动调用父类无参构造方法
            Student stu = new Student();
        }
    }
}
```

程序编译并运行后，结果如图 9-3 所示。

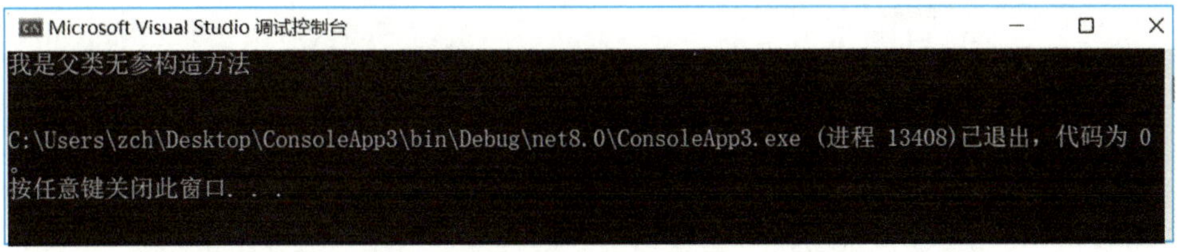

图 9-3　例 9.3 的运行结果

从例 9.3 中可以看到，Student 类没有定义构造方法，编译器会提供一个默认的无参构造方法。子类的构造方法在执行时，会先自动调用父类的无参构造方法，以初始化继承来的 name 和 age。可以清楚地看到父类——Person 类的构造方法输出了一行字符串，即程序被执行了。

子类除继承父类的所有字段外，还添加了它们自己的字段。在创建一个子类对象时，必须初始化该对象的添加的字段和继承的字段部分。

通过使用 base 关键字，子类的构造方法可以显式调用父类的构造方法。在必要的情况下，可利用它来初始化字段。运行时，将首先执行父类构造方法，然后才执行子类构造方法的主体。

下面的例 9.4 就演示了使用 base 关键字显式调用父类构造方法，并初始化继承来的成员变量。

例 9.4

```
namespace InheritanceDemo
{
    //定义 Person 类,包含两个公开成员变量
    class Person
    {
        public int age;
        public string name;

        public Person()
        {
            Console.WriteLine("我是父类无参构造方法");
        }
        public Person(int Age, string Name)
        {
            this.age = Age;
            this.name = Name;
            Console.WriteLine("我是父类带参构造方法!");
        }
    }

    //Student 类继承了 Person 类
    class Student:Person
    {
        //添加 stuid 字段
        public int stuid;

        public Student()
        {
        }
        public Student(int Stuid, int Age, string Name):base(Age, Name)
        {
            this.stuid = Stuid;
            Console.WriteLine("我是子类构造方法!");
        }
    }

    class Program
    {
        static void Main(string[] args)
        {
            //实例化子类对象,调用子类构造方法,会自动调用父类带参构造方法
```

```
            Student stu = new Student(1,24,"小明");
            Console.WriteLine(stu.stuid);
            Console.WriteLine(stu.name);
            Console.WriteLine(stu.age);
        }
    }
}
```

在例 9.4 中的代码运行时，将首先执行父类构造方法，然后才执行子类构造方法的主体。如果程序运行时要执行子类的带参构造方法，那么首先会执行父类的带参构造方法，然后执行子类的带参构法方法。程序编译并运行后，结果如图 9-4 所示。

图 9-4　例 9.4 的运行结果

在例 9.4 中，我们学习了使用 base 关键字来调用父类的构造方法，语法格式如下。

```
子类构造方法:base(参数变量名)
```

但是，不要认为 base 关键字的作用就是调用父类构造方法，它还有更大的作用。

9.1.3　base 关键字和 protected 访问修饰符

base 关键字都有哪些作用呢？base 关键字表示父类，使用它来访问父类的成员，如访问父类的成员变量、调用父类的成员方法、调用父类的构造方法。

我们已经学习了 this 关键字，它表示当前实例，使用它可以访问该类对象的成员。而 base 关键字是在子类中调用父类的成员时使用的。这是两个关键字的区别。例 9.5 为子类使用 base 关键字调用父类方法的示例。

例 9.5

```
using System;
using System.Collections.Generic;
using System.Linq;
using System.Text;

namespace InheritanceDemo
{
    //定义 Person 类,包含两个公开成员变量
    class Person
    {
```

```
        public int age;
        public string name;

        public Person(int Age, string Name)
        {
            this.age = Age;
            this.name = Name;
            Console.WriteLine("我是父类带参构造方法!");
        }

        public void SayHello()
        {
            Console.WriteLine("你好，很高兴认识你!");
        }
    }

    //Student 类继承了 Person 类
    class Student:Person
    {
        public int stuid;

        public Student(int Stuid, int Age, string Name):base(Age, Name)
        {
            this.stuid = Stuid;
            Console.WriteLine("我是子类构造方法!");
        }

        public void Speak()
        {
            //调用父类 Person 类的 SayHello 方法
            base.SayHello();
        }
    }

    class Program
    {
        static void Main(string[] args)
        {
            //实例化子类对象
            Student stu = new Student(1,24,"小明");
            //调用子类的 Speak 方法,会执行父类的 SayHello 方法
            stu.Speak();
        }
    }
}
```

从例 9.5 中可以看到，子类的 Speak 方法使用 base 关键字调用了父类的 SayHello 方法，那么调用子类对象的 Speak 方法时，会执行父类的 SayHello 方法。程序编译并运行后，结果如图 9-5 所示。

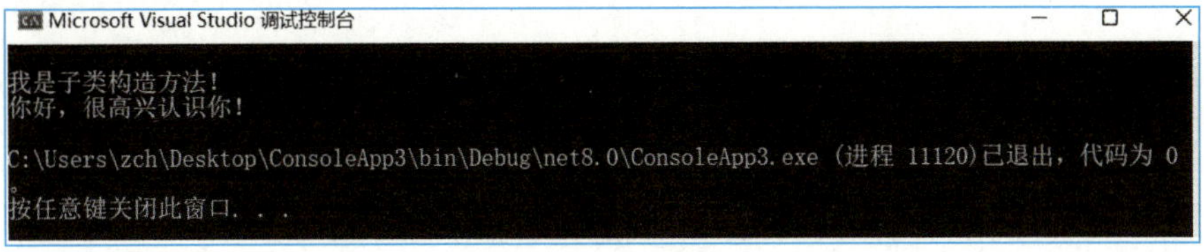

图 9-5　例 9.5 的运行结果

从例 9.5 中可以发现，可以通过 base 关键字来访问父类的成员，但也发现父类的这些成员都是 public 修饰的。也就是说，子类之所以可以使用 base 关键字访问父类成员，是因为父类成员是使用 public 修饰的。我们知道，public 修饰的成员，任何类都可以访问该成员，这不符合封装这一特性的要求。有读者会问：使用 private 修饰符来修饰父类的成员，子类可以使用 base 关键字来访问它吗？答案是不可以。父类的成员如果使用 private 修饰，则其他任何类都无法访问该成员，子类也一样不行。

如果只能子类访问父类，那么 public 和 private 修饰的父类都不满足条件，为了解决这个问题，C#语言提供了另外一个访问修饰符——protected。这个单词的意思是“保护”，就好像父亲保护儿子一样，使用 protected 修饰的成员允许被子类访问，但是不能被其他类访问。下面使用 protected 修饰符对例 9.5 作一点修改，如例 9.6 所示。

例 9.6

```
namespace InheritanceDemo
{
    class Person
    {
        public int age;
        public string name;

        public Person(int Age, string Name)
        {
            this.age = Age;
            this.name = Name;
            Console.WriteLine("我是父类带参构造方法!");
        }

        //把 SayHello 方法的访问修饰符修改为 protected
        protected void SayHello()
        {
            Console.WriteLine("你好，很高兴认识你!");
        }
```

```
    }
    class Student:Person
    {
        public int stuid;

        public Student(int Stuid, int Age, string Name):base(Age,Name)
        {
            this.stuid = Stuid;
            Console.WriteLine("我是子类构造方法!");
        }

        public void Speak()
        {
            //调用父类 Person 类的 SayHello 方法
            base.SayHello();
        }
    }

    class Program
    {
        static void Main(string[] args)
        {
            Student stu = new Student(1,24,"小明");
            //调用子类的 Speak 方法,会执行父类的 SayHello 方法
            stu.Speak();
        }
    }
}
```

例 9.6 使用 protected 修饰符来修饰父类的 SayHello 方法，这样子类可以访问，其他类就无法访问了。

到现在为止，已经介绍了 3 个访问修饰符，分别是 public、private 和 protected。下面对这 3 个访问修饰符的作用范围做一个总结，如表 9-1 所示。

表 9-1　3 个访问修饰符的作用范围

修饰符	本类内部	其他类	子类
public	可以访问	可以访问	可以访问
private	可以访问	不能访问	不能访问
protected	可以访问	不能访问	可以访问

从表 9-1 中可以看到，public 可以被任何类访问，private 只可以被自己访问，而 protected 介于两者之间，可以被自己和子类访问。

9.2 密　封　类

如果不希望一个类被其他的类继承，则可以把这个类定义为密封类。定义密封类时需要使用 sealed 关键字。下面的代码定义了一个代表圆的密封类。

```
sealed class Circle
{
   public int radius;  //圆的半径
   public double GetInfo()
   {
      return 2 * Math.PI * radius;
   }
}
```

如果试图对密封类进行继承，则编译器会报错。下面的代码将无法通过编译。

```
class RedCircle:Circle
{
}
```

把类定义为密封类时，最有可能的情形是：因商业原因把类标记为密封类，以防止第三方以违反注册协议的方式扩展该类。把类标记为 sealed 会严重限制它的使用。.NET 基类库提供了许多密封类，System.String 就是其中的一个。

使用 sealed 修饰的类的成员不能被 protected 修饰，否则编译器会报警告。

9.3 多　　态

多态，是指多种形态的意思。一个类中有多个同名的方法，可根据参数类型或个数的不同进行区分。根据参数的不同来调用相应的方法版本。本节将介绍多态的另外一种形式——重写。

首先，继承的一个结果是派生类和基类在方法和属性上有一定的重叠。例如，如果父类 Person 有一个方法 Speak，则从它的任何一个子类对象中调用这个方法，执行结果都是类似的，如下列代码所示。

```
class Person
{
   public int age;
   public string name;
```

```
        public void Speak()
        {
            Console.WriteLine("你好，我是{0}，还是学生，很高兴认识你！",this.name);
        }
    }
    //Student 类继承了 Person 类
    class Student:Person
    {
    }
```

在上述代码中，基类 Person 的 Speak 方法被 Student 类继承了，所以实例化一个 Student 类对象时，调用 Speak 方法执行的结果与 Person 类对象执行的结果一样，都会输出“你好，我是××，还是学生，很高兴认识你！”。

但是这样有一个问题，如果再编写一个 Teacher 类，也继承自 Person 类，如下列代码所示。

```
    class Person
    {
        public int age;
        public string name;
        public void Speak()
        {
            Console.WriteLine("你好，我是{0}，还是学生，很高兴认识你！",this.name);
        }
    }
    class Teacher:Person
    {
        public int teacherid;
    }
```

我们会看到这样一个情形，实例化一个 Teacher 类对象，调用该对象的 Speak 方法，会输出“你好，我是××，还是学生，很高兴认识你！”，教师类的问候方法也变成了学生类的。

是不是感觉继承有时还不够灵活？一旦继承了某个类，就只能按照父类的方法“行动”吗？有没有一种方法，能让子类和父类的方法执行起来不一样，让每个子类都有自己的方式去执行该“行动”呢？

这就是多态的一个重要的特性——重写。子类重写父类的方法。重写需要用到两个关键字：virtual 和 override。

通常，子类继承父类的方法，在调用对象继承方法时，执行的是父类的实现。但是，有时需要对子类中继承的方法有不同的实现。例如，假设动物类存在“跑”的方法，从中派生出狗类和鸭类，狗和鸭（鸭只有两只脚）的跑是各不相同的，因此，同一方法在不同子类中需要有两种不同的实现，这就需要子类重新编写基类中的方法。“重写”就是在子类中对父类的方法进行修改，或者说在子类中对它进行重新编写。

那么如何重写父类的方法呢？C#语言提供了 virtual 关键字。virtual 关键字用于将父类的方法定义为虚方法，意思是告诉编译器，这个方法被子类继承过去后，有可能会被重新编写。子类继承了父类后，就可以使用 override 关键字自由实现它们各自版本的方法。所以要重写父类的方法，需要两个步骤：①在父类中使用 virtual 关键字把某个方法定义为虚方法；②在子类中使用 override 关键字重写父类的虚方法。声明虚方法的语法格式如下。

```
class MyBaseClass
{
    public virtual string VirtualMethod()  //虚方法的定义
    {
        return "这是基类的虚方法!";
    }
}
```

在 C#语言中，方法在默认情况下不是虚拟的，需要显式地声明为 virtual。在子类中重写该方法时要使用同样的签名，同时要加上 override 关键字。代码如下。

```
class MyDerivedClass:MyBaseClass
{
    public override string VirtualMethod()  //虚方法的重写
    {
        return "这是在子类中对基类的虚方法进行重写!";
    }
}
```

例 9.7 是多态性体现的一个示例。

例 9.7

```
using System;
using System.Collections.Generic;
using System.Text;

namespace Test1
{
   class Shapes
   {
      public virtual void area()
      {
         Console.WriteLine("求形状的面积");
      }
   }

   class Circle:Shapes
   {
      public override void area()//重写
      {
```

```
        Console.WriteLine("这是圆的面积!");
        }
    }

    class Square:Shapes
    {
        public override void area()//重写
        {
        Console.WriteLine("这是矩形的面积!");
        }
    }

    class Triangle:Shapes
    {
        public override void area()//重写
        {
        Console.WriteLine("这是三角形的面积!");
        }
    }
    class Program
    {
        static void Main(string[] args)
        {
            //父类的句柄可以指向子类的对象,反之则不成立
            Shapes shapes = new Circle();
            shapes.area();//输出圆的面积

            Circle circle = new Circle();
            Square square = new Square();
            Triangle triangle = new Triangle();

            fn(triangle);
            fn(circle);
            fn(square);
        }
        //父类的句柄可以指向子类的对象,反之则不成立
        static void fn(Shapes shapes)
        {
            shapes.area();   //多态性
        }
    }
}
```

父类的对象可以指向子类的实例，反之则不成立。在多态实现时，“static void fn(Shapes shapes)” 调用的方法 “shapes.area()” 是由参数实例的类型来确定的，而不是由形参的类型来确定的。多态有利于程序的扩展，当对库进行修改后，不影响程序的调用。

9.4 项目实战：编程实现 ATM 系统员工管理模块功能

任务描述

在 ATM 系统中，使用 Employee 和 Manager 两个类来说明一个公司类的继承。Employee 具有姓名和部门等属性，需要提供方法以接收和显示这些属性的值。Manager 表示主管，具有职位、部门描述等信息。

任务分析

Employee 类是一个父类，它包含 name 和 department 两个成员变量，以及用于接收和显示信息的两个方法。

任务实施

1）新建一个名为 Company 的基于控制台应用程序的项目。

2）将下列代码添加到类文件中。

```
using System;
using System.Collections.Generic;
using System.Text;

namespace Company
{
    class Employee
    {
        protected string name;
        protected string department;

        //接收姓名和学历
        public void AcceptDetails()
        {
            Console.WriteLine("请输入姓名:");
            this.name = Console.ReadLine();
```

```
        Console.WriteLine("请输入所在部门:");
        this.department = Console.ReadLine();
    }
    //显示职员的姓名和部门
    public void DisplayDetails()
    {
        Console.WriteLine();
        Console.WriteLine("{0}的详细信息如下:", this.name);
        Console.WriteLine("姓名:{0}", this.name);
        Console.WriteLine("部门:{0}", this.department);
    }
}

class Manager:Employee
{
    private string site;
    private string departDetail;

    //接收主管的详细信息
    public void AcceptSkillSet()
    {
        Console.WriteLine("请输入你的职位:");
        this.site = Console.ReadLine();
        Console.WriteLine("请输入部门简介:");
        this.departDetail = Console.ReadLine();
    }
    //显示主管的详细信息
    public void DisplaySkillSet()
    {
        Console.WriteLine();
        Console.WriteLine("{0}的信息包括:", this.name);
        Console.WriteLine("部门:{0}", this.department);
        Console.WriteLine("职位:{0}", this.site);
        Console.WriteLine("数据库:{0}", this.departDetail);
    }
}
class Organization
{
    static void Main(string[] args)
    {
    //…
    }
}
```

项 目 自 测

一、选择题

1．如果 A 类继承自 B 类，则 A 类和 B 类分别称为（　　）。

A．父类，子类　　B．子类，父类

C．密封类，父类　　D．该表述有误

2．（　　）关键字用于重写基类的虚方法。

A．override　　B．new　　C．base　　D．static

3．下列程序代码的输出结果是（　　）。

```
using System;
public class A{ }
public class B:A{ }
public class Test
{
public static void Main()
{
    A  myA= new A();
    B  myB = new B();
    Object  O = myB;
    A  myC = myB;
    Console.WriteLine(myC.GetType());
}
}
```

A．A

B．B

C．Object

D．将报告错误信息，提示无效的类型转换

4．关于下列代码的说法中，正确的是（　　）。

```
public class Animal
{
public virtual void Eat(){ }
}
public class Tiger:Animal
{
public override void Eat()
{
Console.WriteLine("老虎吃动物");
```

```
    }
    }
    public class Tigress:Tiger
    {
    static void Main()
    {
    Tigress tiger = new Tigress();
            tiger.Eat();
        }
    }
```

A．代码正确，但没有输出

B．代码正确，并且输出“老虎吃动物”

C．代码错误，因为 Animal 中的 Eat 方法没有实现

D．代码错误，因为 Tigress 类没有重写父类 Animal 中的虚方法

5．下列关于继承的机制的说法中，正确的是（　　）。

A．在 C#语言中，任何类都可以被继承

B．一个子类可以继承多个父类

C．Object 类是所有类的基类

D．继承有传递性，A 类继承 B 类，B 类又继承 C 类，那么 A 类也继承了 C 类的成员

二、编程题

1．使用 C#语言编写一个程序，使用 Employee 和 Programmer 两个类来说明一个公司的继承。Employee 具有姓名和学历等属性，需要提供方法以接收和显示这些属性的值。Programmer 类具有代表其技能集的属性，这些属性表明程序员在编程语言、操作系统和数据库方面的专业知识。同样地，需要提供方法以接收和显示这些属性的值。

【提示】这里要求掌握继承的基础语法，并在继承的基础上添加方法和成员变量。Employee 类是一个父类，它包含 name 和 qualification 两个成员变量，以及用于接收和显示信息的两个方法。名为 Programmer 的子类包含 languages、os 和 databases 这 3 个成员变量和用于接收和显示信息的两个方法。为 Programmer 类创建一个对象，并调用父类和子类的方法来存储和检索值。

【参考代码】

1）新建一个名为 Company 的基于控制台应用程序的项目。

2）将下列代码添加到类文件中。

```
using System;
using System.Collections.Generic;
using System.Text;

namespace Company
```

```
{
    class Employee
    {
        protected string name;
        protected string qualifications;

        //接收姓名和学历
        public void AcceptDetails()
        {
            Console.WriteLine("请输入姓名:");
            this.name = Console.ReadLine();

            Console.WriteLine("请输入基本学历:");
            this.qualifications = Console.ReadLine();
        }
        //显示职员的姓名和学历
        public void DisplayDetails()
        {
            Console.WriteLine();
            Console.WriteLine("{0}的详细信息如下:", this.name);
            Console.WriteLine("姓名:{0}", this.name);
            Console.WriteLine("学历:{0}", this.qualifications);
        }
    }

    class Programmer:Employee
    {
        private string languages;
        private string os;
        private string databases;

        //接收程序员的技能集详细信息
        public void AcceptSkillSet()
        {
            Console.WriteLine("请输入你所了解的编程语言:");
            this.languages = Console.ReadLine();
            Console.WriteLine("请输入你所了解的数据库:");
            this.databases = Console.ReadLine();
            Console.WriteLine("请输入你所了解的操作系统:");
            this.os = Console.ReadLine();
        }
        //显示程序员的技能集详细信息
        public void DisplaySkillSet()
```

```
        {
            Console.WriteLine();
            Console.WriteLine("{0}的技能集包括:", this.name);
            Console.WriteLine("语言:{0}", this.languages);
            Console.WriteLine("操作系统:{0}", this.os);
            Console.WriteLine("数据库:{0}", this.databases);
        }
    }
    class Organization
    {
        static void Main(string[] args)
        {
            Programmer obj = new Programmer();
            obj.AcceptDetails();    //访问子类继承的方法和成员
            obj.AcceptSkillSet();   //访问子类添加的方法和成员

            obj.DisplayDetails();
            obj.DisplaySkillSet();
        }
    }
}
```

3）程序编译并运行后，结果如图 9-6 所示。

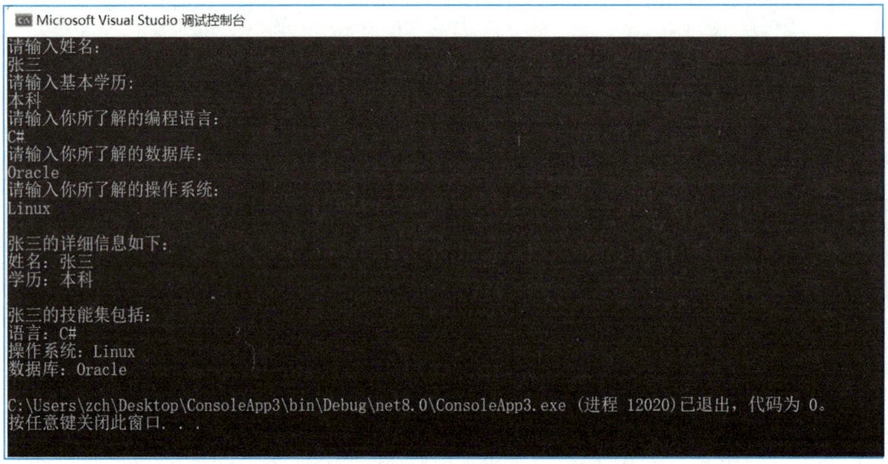

图 9-6　程序的运行结果 1

2．修改上题的程序，从 Programmer 类派生出名为 DotNetProgrammer 的新类，该新类的各成员变量的数据通过相应的构造方法来接收。调用相应的方法来显示这些信息。

【提示】这里要求掌握 base 关键字的用法，并调用父类的构造方法初始化成员变量，此外还要掌握继承的传递性。由题目可知，DotNetProgrammer 新类派生自 Programmer 类，并包含 experience 和 projects 数据成员及 DisplayDotNetPrgDetails 方法。创建 DotNetProgrammer

类的对象，并通过它完成所有的赋值操作。

【参考代码】

1）新建一个基于控制台的项目。

2）将下列代码添加到程序中。

```
    using System;
    using System.Collections.Generic;
    using System.Text;

    namespace Example
    {
        class Employee
        {
            protected string name;
            protected string qualifications;

            //构造函数
            public Employee(string eName, string eQualifications)
            {
                this.name=eName;
                this.qualifications=eQualifications;
            }

            //显示职员的姓名和学历
            public void DisplayDetails()
            {
                Console.WriteLine();
                Console.WriteLine("{0}的详细信息如下:", this.name);
                Console.WriteLine("姓名:{0}", this.name);
                Console.WriteLine("学历:{0}", this.qualifications);
            }
        }

        class Programmer:Employee
        {
            private string languages;
            private string os;
            private string databases;

            //派生类构造函数
            public Programmer(string pName, string pQualifications, string
pLanguages, string pOS, string pDatabases):base(pName, pQualifications)
            {
```

```
            this.languages = pLanguages;
            this.os = pOS;
            this.databases = pDatabases;
        }

        //显示程序员的技能集详细信息
        public void DisplaySkillSet()
        {
            Console.WriteLine();
            Console.WriteLine("{0}的技能集包括:", this.name);
            Console.WriteLine("语言:{0}", this.languages);
            Console.WriteLine("操作系统:{0}", this.os);
            Console.WriteLine("数据库:{0}", this.databases);
        }
    }

    class NetProgrammer:Programmer
    {
        private int experience;
        private string projects;

        //构造函数
        public NetProgrammer(string dName, string dQualifications, string
dLanguages, string dOS, string dDatabases, int dExperience, string dProjects):
base(dName, dQualifications, dLanguages, dOS, dDatabases)
        {
            this.experience = dExperience;
            this.projects = dProjects;
        }

        //显示成员值
        public void DisplayDotNetPrgDetails()
        {
            Console.WriteLine("工作经验年数:{0}", this.experience);
            Console.WriteLine("项目的详细信息:{0}", this.projects);
        }
    }
    class Organization
    {
        static void Main(string[] args)
        {
            //实例化对象,调用派生类的方法,会自动调用父类构造方法
            NetProgrammer obj = new NetProgrammer("David Blake", "本科生",
```

```
"Visual C#", "Windows 2003", "Oracle", 6, "基金项目");

                //访问基类的方法
                obj.DisplayDetails();

                //访问派生类的方法
                obj.DisplaySkillSet();

                //访问派生类的方法
                obj.DisplayDotNetPrgDetails();
            }
        }
    }
```

3）程序编译并运行后，结果如图 9-7 所示。

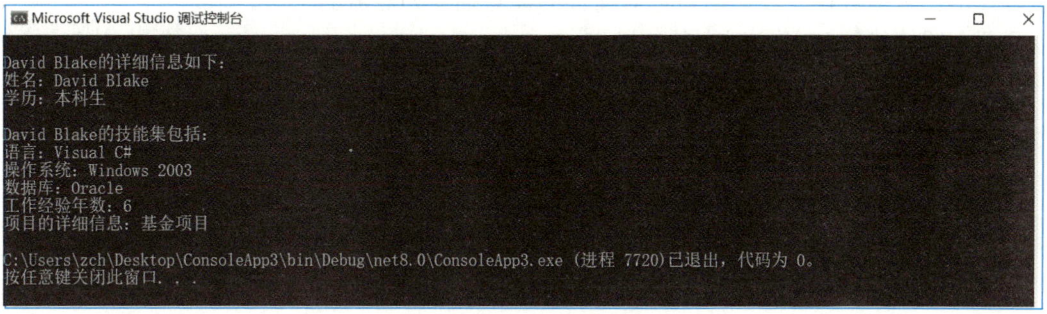

图 9-7　程序的运行结果 2

3. 编写一个控制台应用程序，接收用户输入的两个整数和一个操作符，以实现对两个整数的加、减、乘、除运算并输出计算结果。使用虚方法实现后期绑定。

【提示】这里要求掌握多态的语法和 virtual、override 关键字的使用方法。

1）创建 Calculate 父类，其中包含两个整型的 protected 成员，用于接收用户输入的两个整数。定义一个 DisplayResult()虚方法，计算并输出结果。

2）定义 4 个派生自 Calculate 的子类，分别重写 DisplayResult()虚方法，实现两个整数的加、减、乘、除运算并输出结果。

3）根据用户输入的操作符，实例化相应的类，完成运算并输出结果。

4）在主类中添加一个方法，形参为基类对象，根据传递实参的类型调用方法实现计算和输出结果。

10

项目

ATM 系统安全存储模块

项目导读

应用程序通常要处理诸如创建数据、存储和读取数据的任务，这些数据最终大多要以文件或数据库的形式存放到存储介质上，以方便以后重复使用。大多数程序设计语言把对文件的读写抽象为对流的读写。本项目要介绍的就是 C#语言对文件的操作。

视频：ATM 系统安全存储模块（一）

视频：ATM 系统安全存储模块（二）

学习目标

- 了解 System.IO 命名空间。
- 理解序列化和反序列化的原理。
- 掌握文件和文件夹的常用操作方法。
- 掌握打开文件、保存文件对话框的使用方法。
- 掌握 File 类和 Directory 类的常用方法。
- 掌握把信息写入文件和在文件中查找信息的方法。
- 能使用文件流存储用户数据，重构 ATM 系统登录和注册功能。
- 培养认真细致的工作态度和严谨的工作作风。

10.1 System.IO 命名空间

我们知道，程序的数据一般要存储到数据库中，以便以后读取。这就存在一个问题，大量的数据存储到数据库中可以进行高效的管理，但是非常少的数据也存储到数据库中就会不划算，这会非常浪费资源。开发应用程序时也经常会遇到操作文件这样的情况，掌握文件的操作是非常有必要的。.NET Framework 专门为操作各种流类数据提供了一个名为 System.IO 的命名空间，该命名空间下包含了许多可以对各种流数据进行操作的类，以及一些可以复制、移动、重命名和删除文件与目录的类。由于读写文本文件时字符的编码有很多种，所以一般还需要使用 System.Text 这个命名空间下的一些关于字符编码的类。

10.2 File 类

File 类位于 System.IO 命名空间。这个类直接继承自 System.Object。File 类是一个密封类，因此不能被继承。File 类包含用于处理文件的静态方法，如表 10-1 所示。

表 10-1 File 类中的方法

方法	描述
Create(string filePath)	在指定路径下创建指定名称的文件，返回一个 FileStream 对象
Copy(string sourceFile, string desFile)	按指定路径将源文件中的内容复制到目标文件中，如果目标文件不存在，则新建目标文件
Delete(string filePath)	删除指定路径的文件
Exists(string filePath)	验证指定路径的文件是否存在
Move(string sourceFile, string desFile)	移动文件，如果源文件和目标文件在同一个文件夹下，则可以对文件进行重命名

下列代码演示了如何复制和删除文件。

```
File.Copy("c:\\aa.txt", "d:\\aa\\1.txt");
File.Delete("c:\\aa.txt");
```

复制文件时如果目标文件夹不存在，则将引发异常，即如果目录“d:\aa”不存在，则将生成 DirectoryNotFoundException 异常；但是删除文件时，如果要删除的文件不存在，则不会引发异常。

10.3 Directory 类

与 File 类一样，Directory 类也是 System.IO 命名空间的一部分，它包含了处理目录和子目录的静态方法，如表 10-2 所示。

表 10-2 Directory 类中的方法

方法	描述
CreateDirectory(string path)	创建目录
Delete(string path [,bool recursive])	删除指定的目录，如果第二个参数为 true，则同时删除该目录下的所有文件和子目录
Exists(string path)	测试目录是否存在
GetCurrentDirectory()	获得应用程序的当前工作目录

续表

方法	描述
GetDirectories(string path)	返回代表子目录的字符串数组
GetFiles(string path)	以字符串数组形式返回指定目录中的文件的名称
Move(string sourcePath, string desPath)	将目录及其内容移到指定的新位置

Directory 的许多方法的作用与 File 类似，差别只是在于 File 类操作文件，而 Directory 类操作文件夹。下面的例 10.1 演示了如何移动文件夹。

例 10.1

```
using System;
using System.Collections.Generic;
using System.Linq;
using System.Text;
using System.Collections;
using System.IO;

namespace Demo
{
    class Program
    {
        static void Main(string[] args)
        {
            Directory.Move("c:\\Program", "d:\\Program");
        }
    }
}
```

10.4 对文本文件的读写操作

如何读写一个文本文件呢？在 C#语言中，一般有如下 5 个步骤。

1）创建文件流对象。

2）创建流读取对象或流写入对象。

3）执行读或写操作，调用相应的方法。

4）关闭流读取对象或流写入对象。

5）关闭文件流对象。

看到上述步骤，你可能会以为会有很多代码，通过后面的示例你会发现，五六行代码就可以实现文件的读取或写入操作，非常简单。

读写一个文本文件时，第一步就是要创建一个文件流对象。那么，什么是文件流呢？

下面来介绍文件流对象。

10.4.1 文件流

文件流（FileStream）类用于对文件执行读写操作。流是一个传递数据的对象。

FileStream 构造方法有很多重载方式，表 10-3 列出了常用的几种。构造方法中使用的 FileMode、FileAccess 和 FileShare 参数都是枚举类型。

表 10-3 文件流类的构造方法

构造方法	描述
FileStream(string filePath, FileMode)	接收读写文件的路径和任意一个 FileMode 枚举值作为参数
FileStream(string filePath, FileMode, FileAccess)	接收读写文件的路径与任意一个 FileMode 枚举值和 FileAccess 枚举值作为参数
FileStream(string filePath, FileMode, FileAccess, FileShare)	接收读写文件的路径与任意一个 FileMode 枚举值、FileAccess 枚举值及 FileShare 枚举值作为参数

构造方法中使用的 FileMode 参数的不同成员如下。

1）Append：打开一个文件并将当前位置移到文件末尾，以便能够添加新的数据。如果文件不存在，则新建一个文件。

2）Create：用指定名称新建一个文件。如果存在同名文件，则改写旧文件。

3）CreateNew：新建一个文件。

4）Open：打开一个文件。指定的文件必须已经存在。

5）OpenOrCreate：如果文件存在就打开，如果不存在就创建一个文件并打开。

6）Truncate：指定的文件必须存在，打开文件并删除文件中的全部内容。

同样地，FileAccess 参数也是枚举类型。其成员如下。

1）Read：用户对指定文件具有只读权限。

2）Write：用户对指定文件具有只写权限。

3）ReadWrite：用户对指定文件具有读写权限。

FileShare 参数也是枚举类型。其枚举值如下。

1）None：其他用户不能访问文件。

2）Read：其他用户只能对共享文件执行读操作。

3）Write：其他用户只能对共享文件执行写操作。

4）ReadWrite：其他用户可以对共享文件执行读写操作。

下列代码构造了一个 FileStream 类的实例。

```
    FileStream fs = new FileStream("c:\\csharp.txt", FileMode.OpenOrCreate,
FileAccess.Write);
```

上述代码用于打开“c:\csharp.txt”这个文件，如果文件不存在，则创建该文件，并且只能向文件中写入数据。

FileStream 类的其他常用方法如表 10-4 所示。

表 10-4　FileStream 类的其他常用方法

方法	描述
Close	关闭文件流对象

实例化了文件流对象后，就可以进行第二步了：创建流读取对象或流写入对象。下面就来介绍这两个类。

10.4.2　流读写对象

1. StreamWriter 类

创建了文件流对象之后，如果想向文本文件中写入信息，就要创建流写入对象，StreamWriter 类就是流写入对象。创建 StreamWriter 类的语法格式如下。

```
StreamWriter sw = new StreamWriter(类的对象);
```

上述代码表示，StreamWriter 的构造方法需要一个 FileStream 类的对象作为参数。StreamWriter 类的主要方法如表 10-5 所示。

表 10-5　StreamWriter 类的主要方法

方法	描述
Write	将数据写入文件
WriteLine	将一行数据写入文件
Close	关闭流写入对象

2. StreamReader 类

如果要读取文本文件中的数据，就要创建流读取对象，StreamReader 类就是流读取对象。创建 StreamReader 类的语法格式如下。

```
StreamReader sr = new StreamReader(文件流对象);
```

同样地，StreamReader 类的构造方法，需要一个 FileStream 类的对象作为参数。StreamReader 类的主要方法如表 10-6 所示。

表 10-6　StreamReader 类的主要方法

方法	描述
ReadLine	读取一行数据，返回字符串
ReadToEnd	从当前位置读到末尾，返回字符串
Close	关闭流读取对象

下面介绍如何使用流读写对象来实现读写文本文件的操作，如例 10.2 所示。

例 10.2

```
using System;
using System.Collections.Generic;
```

```
using System.Linq;
using System.Text;
using System.IO;

namespace StreamTest_1
{
    class Program
    {
        //<summary>
        //写入数据
        //</summary>
        //<param name = "path"></param>
        static void WriterRecord(string path)
        {
            Console.Write("输入要写入的内容:");
            string record = Console.ReadLine();
            //创建文件流
            FileStream fs = new FileStream(path, FileMode.OpenOrCreate,
                    FileAccess.Write, FileShare.None);
            //创建流写入对象
            StreamWriter sw = new StreamWriter(fs);
            //执行方法,将内容写入文件
            sw.Write(record);
            //关闭流写入对象
            sw.Close();
            //关闭文件流
            fs.Close();
            Console.WriteLine("写入成功!");
        }
        //<summary>
        //读取数据
        //</summary>
        //<param name = "path"></param>
        static void ReadRecord(string path)
        {
            FileStream fs = new FileStream(path, FileMode.Open,
                    FileAccess.Read, FileShare.None);
            //创建流读取对象
            StreamReader sd = new StreamReader(fs);
            //执行方法,读取文本文件数据
            string record = sd.ReadToEnd();
            //关闭流读取对象
            sd.Close();
```

```
            //关闭文件流
            fs.Close();
            Console.WriteLine("读取成功!内容如下:\n"+record);
        }
        static void Main(string[] args)
        {
            //测试
            Console.WriteLine("请选择:");
            Console.WriteLine("1.读取数据    2.写入数据");
            Console.Write("请输入你的选择:");
            string f = Console.ReadLine();
            if(f == "1")
            {
                ReadRecord("d:\\test.txt");
            }
            else if(f == "2")
            {
                WriterRecord("d:\\test.txt");
            }
        }
    }
}
```

在例 10.2 中，首先要引入 System.IO 命名空间；其次在类中定义 ReadRecord 方法和 WriterRecord 方法，在方法中定义 FileStream 类，将 FileMode 枚举设置为 OpenOrCreate。也就是说，如果指定路径有该文件就打开，否则创建该文件。程序编译并运行后，结果如图 10-1 所示。

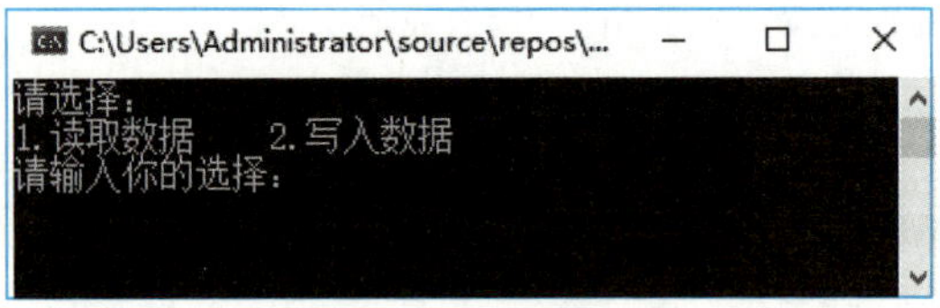

图 10-1　例 10.2 的运行结果

10.5 二进制文件的读写

System.IO 命名空间中有 BinaryReader 类和 BinaryWriter 类，这两个类用来读写二进制数据。表 10-7 列出了 BinaryReader 类的常用方法。

表 10-7　BinaryReader 类的常用方法

方法	描述
Close	关闭正在从中读取数据的流和当前的 BinaryReader 流
Read	读取一个字符，并将指针前移指向下一个字符
ReadDicimal	读取一个十进制数，并将指针前移 16 字节（十进制的默认长度）
ReadByte	读取一个字节，并将指针移到下一个字节上
ReadInt32	读取一个带符号的整数，并将指针前移 4 字节
ReadString	读取字符串，该字符串的前缀为字符串长度，编码为整数，每次 7bit

BinaryWriter 类用于向指定流中写入二进制数据。表 10-8 列出了 BinaryWriter 类的常用方法。

表 10-8　BinaryWriter 类的常用方法

方法	描述
Close	关闭正在写入数据的流和当前的 BinaryWriter 流
Flush	清除当前 writer 的所有缓冲区，并将所有缓冲区数据写入设备
Write	将值写入当前流，该方法有多个重载

下面介绍如何使用 BinaryWriter 类将二进制数据写入文件，如例 10.3 所示。

例 10.3

```
using System;
using System.Collections.Generic;
using System.Text;
using System.IO;

namespace BinaryReadWrite
{
    class Program
    {
        static void Main(string[] args)
        {
            Console.WriteLine("请输入文件名:");
            string fileName = Console.ReadLine();
            FileStream fs = new FileStream(fileName,FileMode.Create);
            BinaryWriter bw = new BinaryWriter(fs);
            for(int i = 0; i < 10; i++)
            {
                bw.Write(i);
            }
            Console.WriteLine("数字已写入文件!");
            bw.Close();
            fs.Close();
```

```
            }
        }
    }
```

例 10.3 中的代码的功能为接收用户输入的文件名，并创建一个 FileStream 实例。为了向文件中写入二进制数据，程序创建了一个 BinaryWriter 类的实例，并用其 Write 方法将 0～9 这 10 个整数写入文件中，程序的运行结果如图 10-2 所示。

Microsoft Visual Studio 调试控制台
请输入文件名：
C:\binary.data
数字已写入文件！

图 10-2　例 10.3 的运行结果

下列代码用于从刚才的二进制文件中读取数据并输出。

```
static void Main(string[] args)
{
    Console.WriteLine("请输入要读取的文件名:");
    string fileName = Console.ReadLine();
    if(!File.Exists(fileName))
    {
        Console.WriteLine("文件不存在!程序结束");
        return;
    }
    FileStream fs = new FileStream(fileName,FileMode.Open,FileAccess.Read);
    BinaryReader br = new BinaryReader(fs);
    try
    {
        while(true)
        {
            Console.WriteLine(br.ReadInt32());
        }
    }
    catch(EndOfStreamException eof)
    {
        Console.WriteLine("已到文件结尾!");
    }
    finally
    {
        br.Close();
        fs.Close();
    }
}
```

上述代码的功能为接收用户输入的文件名，并使用 File.Exists 方法检查文件是否存在。

若文件不存在，则输出提示信息后退出程序；若文件存在，则创建一个 FileStream 实例并用该实例创建一个 BinaryReader 实例以便用二进制读取文件数据。由于不确定需要读取多少次才能读完整个文件，所以用一个死循环不断读取并把死循环放到一个 try 块中。如果到达文件结尾后还继续读，则会出现 EndOfStreamException 异常，所以要捕捉该异常。在死循环中把读取的数据输出到控制台中。上述代码的运行结果如图 10-3 所示。

图 10-3　运行结果

再来看例 10.4，该示例采用二进制文件的读写方式将 C 盘中的 test.jpg 文件复制到 D 盘。

例 10.4

```
using System;
using System.Collections.Generic;
using System.Linq;
using System.Text;
using System.IO;

namespace CopyJPG
{
    class Program
    {
        static void Main(string[] args)
        {
            FileStream fs1 = new FileStream("c:\\test.jpg", FileMode.Open,
                        FileAccess.Read);
            BinaryReader br = new BinaryReader(fs1);
            byte[] b = br.ReadBytes((int)fs1.Length);//读取文件信息
            br.Close();
            fs1.Close();

            FileStream fs2 = new FileStream("d:\\test.jpg",
            FileMode.Create);
            BinaryWriter bw = new BinaryWriter(fs2);
            bw.Write(b); //将读出来的字节数组写入文件中
            Console.WriteLine("图片复制成功!!! ");
            bw.Close();
```

```
                fs2.Close();
            }
        }
    }
```

10.6 序列化和反序列化

在前面的示例中，数据除了保存到数据库中，还可以保存到文件中，如保存到文本文件中。我们知道，可以把一些数字或文本保存到文件中，那么，能不能把类对象的状态（类成员保存的数据）完整地保存起来，然后在需要的时候把这些数据还原成类的对象呢？这可以使用读写文本文件的方法来实现，但是非常麻烦，需要反复写入文本文件，然后反复读取文本文件，这样开发应用程序的效率会非常低。所以，C#语言引入了一个新的技术——序列化和反序列化。

序列化就是将对象的状态存储到特定的文件中。首先，在序列化的过程中，对象的公有成员、私有成员还有类名都转换成数据流的形式存储到文件中。然后，在应用程序需要的时候，进行反序列化，把存储到文件中的数据再还原成对象。

下面通过例 10.5 来说明如何将对象进行序列化。

例 10.5

```
using System;
using System.Collections.Generic;
using System.Text;
using System.IO;
using System.Runtime.Serialization;
using System.Runtime.Serialization.Formatters.Binary;

namespace SerializableTest
{
    [Serializable]
    public class Student
    {
        public int stuid;
        public int age;
        public string name;
    }

    public class Test
    {
        public static void Main()
        {
            Student obj = new Student();
```

```
            obj.stuid = 1;
            obj.age = 24;
            obj.name = "小明";

            BinaryFormatter formatter = new BinaryFormatter();
            FileStream stream = new FileStream(@"d:\MyFile.bin",
    FileMode.Create, FileAccess.Write);
            formatter.Serialize(stream, obj);

            stream.Close();
            Console.WriteLine("序列化成功!");
        }
    }
}
```

首先要引入 3 个命名空间，因为要使用到 FileStream，所以要引入 System.IO 命名空间，然后是引入 System.Runtime.Serialization 和 System.Runtime.Serialization.Formatters.Binary。Serialization 是序列化的意思，Binary 是二进制的意思，引入这两个命名空间，就是要将 Student 对象序列化为二进制文件。要注意的是，在例 10.5 中定义了两个类，在定义 Student 类的上面加了一行“[Serializable]”代码。这行代码用来告诉系统，下面的类是可序列化的。只有前面加了此代码的类，才能进行序列化。BinaryFormatter 是一个二进制格式化的类，通过它可以将对象序列化为二进制文件。调用 formatter.Serialize 方法开始序列化。程序编译并运行后，结果如图 10-4 所示。

Microsoft Visual Studio 调试控制台
序列化成功!

图 10-4　例 10.5 的运行结果

这时会发现 D 盘下多了一个文件 MyFile.bin。这里强调一下，如果需要序列化某个对象，那么它的各成员对象也必须是可序列化的。

下面介绍反序列化。反序列化是序列化的逆向过程，也就是将文件中保存的数据还原为对象的过程。下面的例 10.6 演示了反序列化的语法。

例 10.6

```
using System;
using System.Collections.Generic;
using System.Text;
using System.IO;
using System.Runtime.Serialization;
using System.Runtime.Serialization.Formatters.Binary;

namespace SerializableTest
{
    class UseTest
    {
```

```
        public static void Main()
        {
            BinaryFormatter formatter = new BinaryFormatter();
            FileStream strem = new FileStream(@"d:\MyFile.bin",
            FileMode.Open, FileAccess.Read);
            Student obj = (Student)formatter.Deserialize(strem);
            Console.WriteLine("stuid:{0}", obj.stuid);
            Console.WriteLine("age:{0}",obj.age);
            Console.WriteLine("name:{0}", obj.name);
        }
    }
}
```

反序列化的语法和序列化的语法非常相似，BinaryFormatter 类的 Deserialize 方法将指定文件反序列化为 Student 对象，例 10.6 输出了对象的 3 个成员变量。程序编译并运行后，结果如图 10-5 所示。

Microsoft Visual Studio 调试控制台
stuid:1
age:24
name:姚明

图 10-5　例 10.6 的运行结果

以上就是序列化和反序列化的内容。.NET 还提供了多种形式的序列化，用户可以将对象序列化为 XML 文件等，感兴趣的读者可以查阅相关资料。目前使用二进制方式序列化对泛型的支持是最好的。

使用序列化保存对象的数据非常简单，当然使用其他方式也可以实现，但是非常烦琐。使用序列化可以将对象从一个应用程序传递给另外一个应用程序（只用反序列化相应文件就可以了）。在远程通信的应用中，序列化和反序列化的应用相当广泛，如将对象序列化后通过网络传递到其他地方的应用程序中。

10.7 项目实战：使用文件存储数据并实现注册和登录功能

任务描述

要求满足如下要求。

1）使用文件流对象，然后创建相应的文件读写对象。

2）注册新用户时，要检验用户名在文件中是否已经存在，如果已经存在，则提示错误。

任务分析

当用户注册时，将注册信息写入文件中，如果该文件已经存在，则追加数据；如果不存在，则先创建文件再添加信息。当用户登录时，从磁盘文件中读取用户信息并与登录用户名和密码进行比较。

任务实施

设计控制台应用程序，实现注册和登录功能。

```
public static void Main(string[] args)
        {
            Console.WriteLine(("*****登录和注册，请选择*****");
            Console.WriteLine("     1.登录   2.注册");
            Console.WriteLine("======================================");
            Console.WriteLine("请选择:");
            int userChoice =Convert.ToInt32(Console.ReadLine());
            if(userChoice==2)
            {
                Console.WriteLine("请输入要注册的用户名:");
                string userName = Console.ReadLine();
                Console.WriteLine("请输入注册密码:");
                string userPwd = Console.ReadLine();
                //创建文件流
                FileStream fs = new FileStream("D:\\user.txt",
                FileMode.OpenOrCreate, FileAccess.Write, FileShare.None);
                //创建流写入对象
                StreamWriter sw = new StreamWriter(fs);
                //执行方法,将内容写入文件
                sw.Write(userName+"\t"+userPwd);
                //关闭流写入对象
                sw.Close();
                //关闭文件流
                fs.Close();
                Console.WriteLine("注册成功!");
            }
        }
```

上述代码的运行结果如图 10-6 所示。

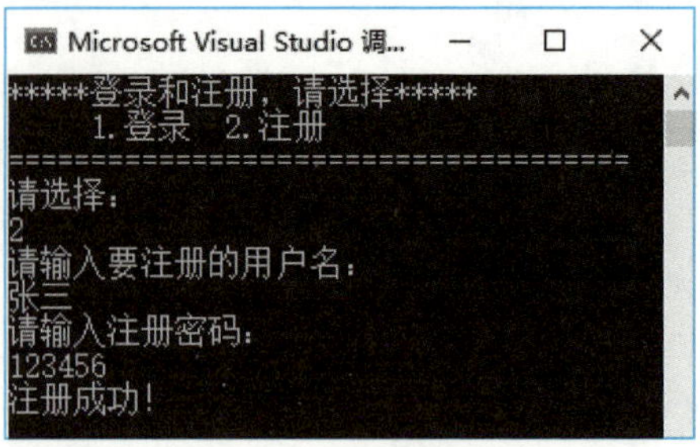

图 10-6　程序的运行结果 1

项 目 自 测

一、选择题

1．FileMode 枚举的（　　）成员用于新建一个文件。

A．Create　　B．CreateNew　　C．New　　D．WriteNew

2．FileMode 枚举的（　　）成员要求文件必须存在。

A．Create　　B．Open　　C．Truncate　　D．CreateNew

3．使用代码“FileStream fs = File.Create("c:\\aa.txt");”创建文件时，如果文件已经存在，则（　　）。

A．文件创建成功，覆盖原有的旧文件

B．提示是否覆盖原来的文件

C．引发异常

D．以上都是错误的

4．下列关于序列化的说法中，错误的是（　　）。

A．序列化是指将对象格式化为一种存储介质的过程

B．序列化后的存储介质只能是二进制文件

C．标识一个类可被序列化时要使用[Serializable]关键字

D．若一个类可以被序列化，则它的子类和包含的其他类也必须可被序列化

5．将文件从当前位置一直到结尾的内容都读取出来，应该使用（　　）方法。

A．StreamReader.ReadToEnd　　B．StreamReader.ReadLine

C．StreamReader.ReadBlock　　D．StreamReader.WriteLine

二、编程题

使用递归的方法查找文件。同名的文件可能存在一个目录的多个子目录下，需要遍历整个给定的目录下的所有子目录。

【提示】选择了目标目录后，如何遍历该目录下的所有子文件夹及子文件夹下的各层子文件夹呢？为此可以定义一个独立的方法来实现，该方法的参数就是一个目录路径。首先获得该目录下的所有第一层子目录，把每个子目录再传递给该方法实现递归调用。传递完成后再看该目录下有没有要查找的文件，如果有就输出查找到的文件的路径。该方法的关键递归代码如下。

```
string[v] dirs = Directory.GetDirectories(findPath);
foreach(string dirName in dirs)
{
    FindFiles(dirName); //递归调用
}
```

【参考代码】

1）新建一个名为 FindFile 的控制台应用程序。

2）引入 System.IO 命名空间。

3）完整的文件代码如下。

```
using System;
using System.Collections.Generic;
using System.Linq;
using System.Text;
using System.IO;

namespace FindFile
{
    class Program
    {
        //用来查找文件的递归方法,参数是要在其中查找文件的目录
        private static void FindFiles(string findFile,string findPath)
        {
            //系统卷标文件夹不允许访问
            if(findPath.EndsWith("System Volume Information"))
            {
                return;
            }
            //获得该文件夹下的所有子文件夹
            string[] dirs = Directory.GetDirectories(findPath);
            foreach(string dirName in dirs)
            {
                FindFiles(findFile, dirName); //递归调用
            }
            //获得该文件夹下的所有文件,对文件进行判断
            string[] files = Directory.GetFiles(findPath);
            foreach(string fileName in files)
```

```
            {
                if(fileName.EndsWith(findFile))
                {
                    Console.WriteLine("查找到的文件:"+fileName);
                    return;
                }
            }
        }
        static void Main(string[] args)
        {
            Console.Write("请输入要查找的文件名:");
            string findFile = Console.ReadLine();
            Console.Write("请输入文件所在的目录:");
            string dirName = Console.ReadLine();

            //调用查找文件的方法
            try
            {
                FindFiles(findFile, dirName);
            }
            catch(Exception ex)
            {
                Console.WriteLine(ex.Message);
            }
        }
    }
}
```

4）程序编译并运行后，结果如图 10-7 所示。

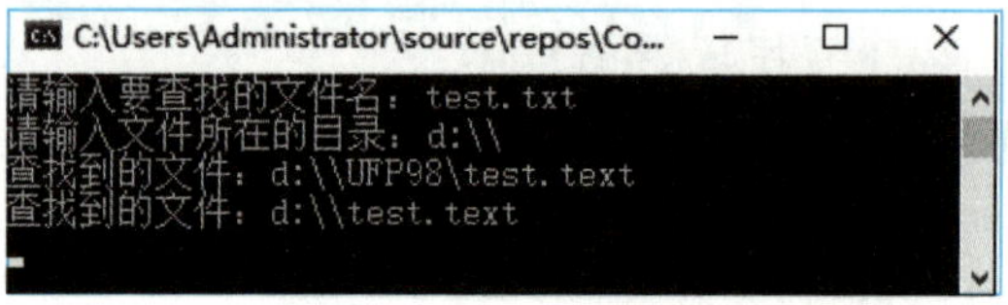

图 10-7　程序的运行结果 2

11

项目

ATM 系统重构账户管理模块

项目导读

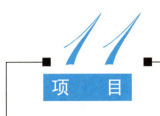

大多数编程语言提供了数组来存储属于同种类型的多个数据元素，但数组有一个缺陷：一旦定义完成，其大小不能改变。如果要在数组中添加或删除元素，则会非常麻烦。那有没有可以改变大小的“数组”呢？答案是有，这就是本项目要介绍的集合，如 ArrayList、HashTable。本项目还要介绍一个非常流行和重要的概念——泛型。

视频：ATM 系统重构账户管理模块（一）

视频：ATM 系统重构账户管理模块（二）

学习目标

- 理解泛型集合类 List<T>对象的概念。
- 掌握 Dictionary<TKey,TValue>的用法。
- 掌握 System.ArrayList 对象的使用方法。
- 掌握 System.HashTable 对象的使用方法。
- 能使用 System.Array 操作数组。
- 能编程实现 ATM 系统重构账户管理模块功能。
- 能编程实现分配账户和移除账户。
- 传承和发扬一丝不苟、精益求精、追求卓越的工匠精神。

11.1 System.Array 概述

C#语言提供了一个名为 Array 的类，它是公共语言运行时所有数组的父类，通过它可以对数组进行许多操作。

Array 是一个抽象的基类，不能使用如下的方式创建一个 Array 类的实例。

```
Array arr = new Array();
```

但它提供了 CreateInstance 方法来构建数组，可以使用如下语句来构建数组。

```
Array arr = Array.CreateInstance(typeof(int), 5);
```

该语句创建了一个名为 arr 的数组，数组元素的数据类型为 int 且长度为 5。使用 CreateInstance()方法的其他重载形式可以创建多维数组。下列代码创建了一个 5 行 3 列的二维字符串数组。

```
Array str = Array.CreateInstance(typeof(string), 5, 3);
```

小贴士

代码中的 typeof 关键字用于获取某种数据类型的 System.Type 对象。可将代码中的 int 和 string 换成其他的数据类型。

11.2 Array 类的属性和方法

Array 类的属性和方法如表 11-1 所示。

表 11-1　Array 类的属性和方法

属性和方法		描述
属性	Length	用于获取数组所有维元素的总个数
实例方法	CopyTo	将一个一维数组中的所有元素复制到另一个一维数组中
	GetLength	返回指定维的元素个数
	GetValue	通过索引返回指定元素的值
	SetValue	将数组中的指定元素设为指定值
静态方法	BinarySearch	使用二进制搜索方法搜索一维已排序数组中的某个值
	Clear	将数组中的一组元素设为 0 或 null
	Copy	将数组中的一部分元素复制到另一个数组中
	CreateInstance	初始化 Array 类的实例
	IndexOf	返回给定值在一维数组中首次出现的位置索引
	LastIndexOf	返回给定值在一维数组中最后一次出现的位置索引
	Reverse	反转给定一维数组中元素的顺序
	Resize	将数组的大小更改为指定的新大小
	Sort	将数组中的元素进行排序，只能对一维数组从小到大进行排序

下面的例 11.1 演示了 Array 类的部分属性和方法。

例 11.1

```
using System;
using System.Collections.Generic;
using System.Text;

namespace ArrayTest
{
```

```
        class Program
        {
            static void Main(string[] args)
            {
                Array arr = Array.CreateInstance(typeof(string),5);
                arr.SetValue("金庸",0);
                arr.SetValue("古龙", 1);
                arr.SetValue("黄易", 2);
                arr.SetValue("梁羽生", 3);
                arr.SetValue("诸葛青云", 4);
                Console.WriteLine("数组元素总个数:" + arr.Length);
                Console.WriteLine("\n 数组元素是:");
                for(int i = 0; i < arr.Length; i++)
                {
                    Console.WriteLine("第{0}个元素是:{1}",i+1,arr.GetValue(i));
                }
                Array.Sort(arr);
                Console.WriteLine("\n 排序后数组为:");
                for(int i = 0; i < arr.Length; i++)
                {
                    Console.WriteLine("第{0}个元素是:{1}", i + 1, arr.GetValue(i));
                }
            }
        }
    }
```

在代码中使用 Array 类的 CreateInstance 方法得到一个大小为 5 的 string 数组，然后调用 SetValue 方法把对象放到数组中，再使用 GetValue 方法依次得到数组中的元素，Sort 方法的作用是对数组从小到大进行排序。

那么，直接定义的数组和用 Array 类的 CreateInstance 方法得到的数组有什么差别呢？测试一下就知道直接定义的数组只支持 Array 类的少数几个方法，关键的排序、反转等需要复杂操作的方法都不支持。

例 11.1 的运行结果如图 11-1 所示。

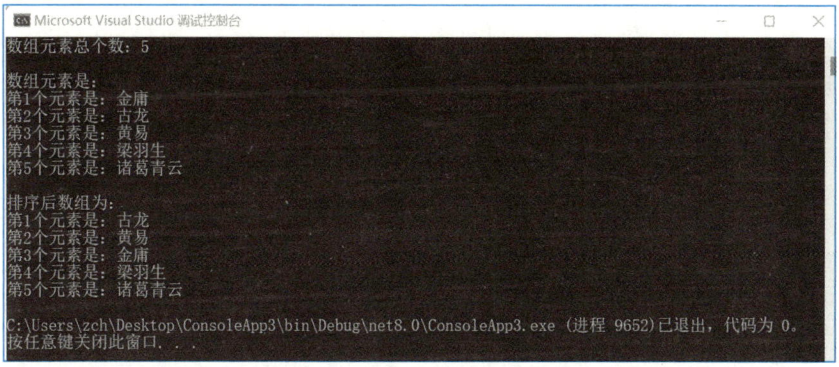

图 11-1　例 11.1 的运行结果

11.3 System.Collections 命名空间

集合是一个特殊化的类，提供了管理对象数组的高级功能，用于组织和公开一组对象。与数组一样，集合也可以通过索引访问集合成员，但集合的大小可以动态改变，集合的成员可以在运行时添加和删除。

集合可以用于管理在运行时动态创建的元素项。例如，可以创建一组 Employee 对象，这些对象都是从数据库中查询出来的，每个对象表示一个职员，因为不能预先知道职员的人数，所以使用动态的集合对象比使用固定大小的数组更合适。

表 11-2 列出了 System.Collections 命名空间下常用的类、接口和结构。

表 11-2　System.Collections 命名空间下常用的类、接口和结构

类、接口和结构		描述
类	ArrayList	提供适用于多数用途的一般集合功能，它允许动态添加和删除
	HashTable	存储键值对，这些键值对是根据键编码来安排的
接口	ICollection	为所有集合定义大小、枚举器和同步方法
	IEnumerator	对整个集合进行简单循环和列举
	IList	可按照索引进行单独访问的对象的非泛型集合
结构	DictionaryEntry	定义可以设置或检索的字典键值对

11.3.1　ArrayList 类

ArrayList 类实际上是 Array 类的优化版本，区别在于 ArrayList 类提供了大部分集合类具有而 Array 类没有的特色。ArrayList 类的部分特色如下。

1）Array 类的容量或元素个数是固定的，而 ArrayList 类的容量可以根据需要动态扩展。通过设置 ArrayList.Capacity 的值可以执行重新分配内存和复制元素等操作。

2）可以通过 ArrayList 类提供的方法在某个时间追加、插入或移出一组元素，而在 Array 类中一次只能对一个元素进行操作。

但是，Array 类具有 ArrayList 类所没有的灵活性，如 Array 类的下标是可以设置的，而 ArrayList 类的下标始终是 0；Array 类可以是多维的，而 ArrayList 类始终是一维的。

ArrayList 类支持 Array 类的大多数方法，表 11-3 列出了 ArrayList 类的常用属性和方法。

表 11-3　ArrayList 类的常用属性和方法

属性和方法		描述
属性	Capacity	指定数组列表可以包含的元素个数，也就是容量
	Count	数组列表中元素的实际个数
方法	Add	在数组列表的尾部追加元素
	Contains	检测数组列表是否包含指定元素

续表

属性和方法		描述
方法	Insert	在指定位置插入一个元素
	Remove	从数组列表中移出第一次出现的给定元素
	RemoveAt	移出数组列表中指定索引处的元素
	TrimToSize	将数组列表容量缩小为元素个数

ArrayList 类的容量通常大于或等于 Count 值，如果添加元素时 Count 值大于容量，则容量自动增加 1 倍。

通常使用下面的构造方法来创建 ArrayList 类的新实例，其中参数“初始容量”可以省略。

```
ArrayList 对象名称 = new ArrayList(初始容量);
```

下面的例 11.2 演示了 ArrayList 类的一些属性和方法。

例 11.2

```
using System;
using System.Collections.Generic;
using System.Text;
using System.Collections;

namespace ArrayTest
{
    class ArrayListTest
    {
        static void Main(string[] args)
        {
            ArrayList alName = new ArrayList();
            alName.Add("金庸");
            alName.Add("古龙");
            alName.Add("黄易");
            Console.WriteLine("\n 数组列表容量为:{0}，元素个数为:{1}",
                alName.Capacity,alName.Count);
            Console.WriteLine("\n 请输入你想添加的武侠小说家:");
            string flag = null;
            while(true)
            {
                string newNanme = Console.ReadLine();
                alName.Add(newNanme);
                Console.WriteLine("要继续吗?(y/n)");
                flag = Console.ReadLine();
                if(flag.Equals("n"))
                {
                    break;
                }
            }
            Console.WriteLine("\n 请输入你想查找的武侠小说家:");
```

```
        while (true)
        {
            string findName = Console.ReadLine();
            if(alName.Contains(findName))
            {
                Console.WriteLine("数组列表中包含{0}.", findName);
            }
            else
            {
                Console.WriteLine("数组列表中不包含你要查找的人");
            }
            Console.WriteLine("要继续吗?(y/n)");
            flag = Console.ReadLine();
            if(flag.Equals("n"))
            {
                break;
            }
        }
        Console.WriteLine("\n数组列表中共包含下列武侠小说家:");
        foreach(string name in alName)
        {
            Console.WriteLine(name);
        }
    }
}
```

先在ArrayList类中添加3位小说家，然后输出数组的容量和当前已经存放的元素数量。通过循环，用户可以添加任意多个小说家到ArrayList类中，然后又通过循环允许用户查找ArrayList类中是否包含指定的小说家，最后输出所有的小说家。

例11.2的运行结果如图11-2所示。

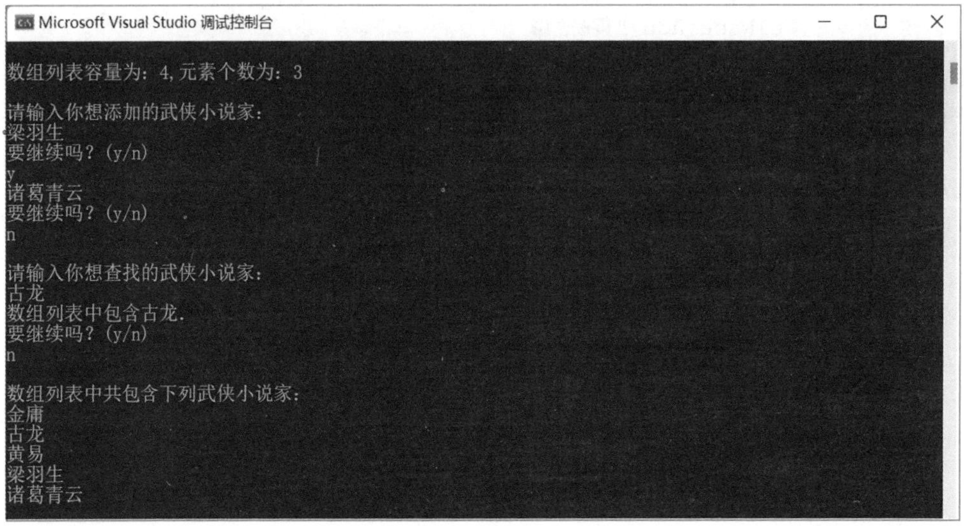

图11-2　例11.2的运行结果

当集合中存放基本数据类型时会发生装箱操作，即对于“alName.Add(1);”，程序会首先把 1 装箱成对象，然后把该对象放入 ArrayList 类中。

11.3.2　HashTable 类

用户可以通过 HashTable 类将数据作为一组键值对来存储，这些键值对是根据键的编码来组织的，可以将键作为索引器来获得对应的值对象。假设要存储电话号码，但没有合适的数据类型允许这样做，这时就可以使用 HashTable 类。用户可以将联系人的姓名作为键来引用，而将联系人号码作为值来引用。HashTable 类常用的属性和方法如表 11-4 所示。

表 11-4　HashTable 类常用的属性和方法

属性和方法		描述
属性	Count	该属性用于获取哈希表中键值对的数量
方法	Add	将一个键值对添加到哈希表中
	ContainsKey	测试键是否已经存在
	Remove	根据键将对应的键值对从哈希表中移出

在哈希表中添加重复的键时会发生 ArgumentException 异常，修改某个键对应的值的语法格式如下。

```
哈希表名[键] = 新值
```

例 11.3 演示了如何把键值对添加到哈希表中，并从哈希表中检索某个值。

例 11.3

```
using System;
using System.Collections.Generic;
using System.Linq;
using System.Text;
using System.Collections;

namespace HashTable
{
    class Program
    {
        static void Main(string[] args)
        {
            Hashtable ht = new Hashtable();
            while(true)
            {
                Console.WriteLine("\r\n  ======  请选择操作   ======");
                Console.WriteLine("  1.添加联系人    2.查找");
                Console.WriteLine("  ==========================\r\n");
                Console.Write("请输入你的选择:");
```

```
                string f = Console.ReadLine();
                switch(f)
                {
                    case "1":
                        Console.Write("请输入联系人姓名:");
                        string name = Console.ReadLine();
                        Console.Write("请输入联系人电话:");
                        string tel = Console.ReadLine();
                        if (ht.ContainsKey(name))
                        {
                            Console.WriteLine("该联系人已经存在!", "错误");
                            return;
                        }
                        ht.Add(name, tel);
                        Console.WriteLine(" ****** 共有联系人:" + ht.Count +
" 位 ******");

                        break;
                    case "2":
                        Console.Write("请输入要查找的联系人姓名:");
                        string nameFind = Console.ReadLine();
                        Object telFind = ht[nameFind];
                        //使用联系人的名字作为索引来获取对应的联系人电话
                        if(telFind == null)
                        {
                            Console.WriteLine("该联系人不存在!", "错误");
                        }
                        else
                        {
                            Console.WriteLine("你所查找的联系人电话是:" +
                           telFind.ToString());
                        }
                        break;
                }
            }
        }
    }
}
```

程序运行的初始界面如图 11-3 所示。

例 11.3 的运行结果如图 11-4 所示。

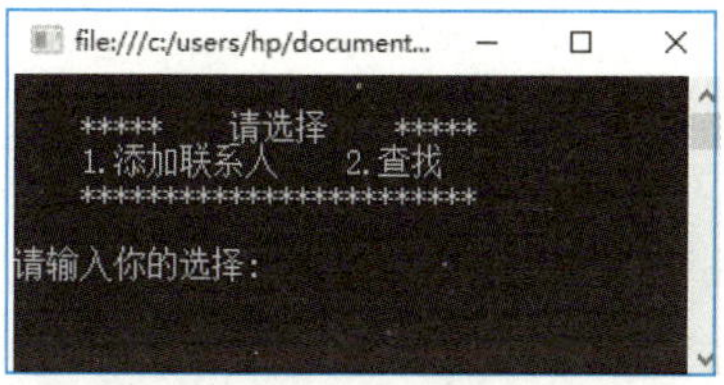

图 11-3　初始界面

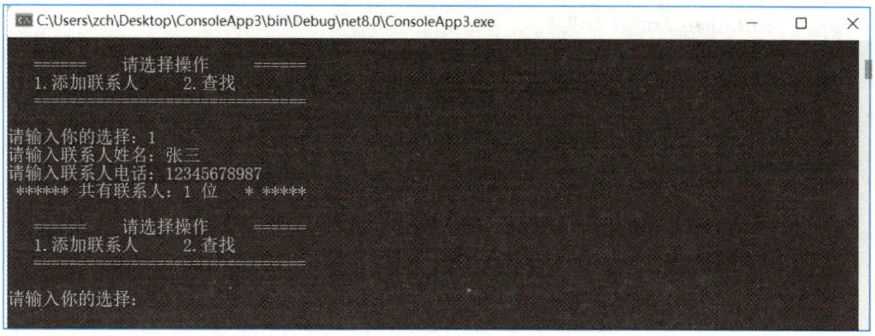

图 11-4　例 11.3 的运行结果

如果添加新联系人时出现了重复的姓名（如添加第 2 个“张三”时），则会输出“该联系人已经存在！”，如图 11-5 所示。

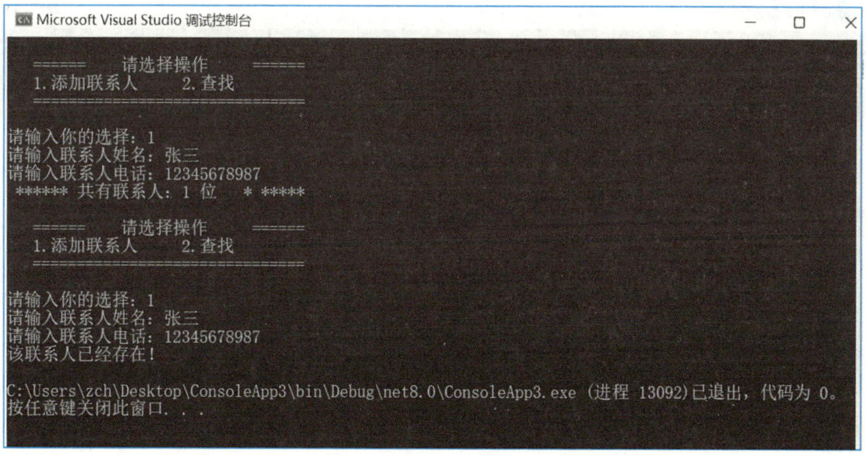

图 11-5　添加重复的联系人

11.4 泛型集合

本项目介绍了 ArrayList 和 HashTable 这样的集合类，但这样的集合是没有类型化的，类型不安全，很容易出现类型访问错误，如例 11.4 所示。

例 11.4

```
class Program
{
    static void Main(string[] args)
    {
        ArrayList stuName = new ArrayList();
        stuName.Add("张三");
        stuName.Add("李四");
        stuName.Add(3);

        foreach(string str in stuName)
        {
            Console.WriteLine(str);
        }
    }
}
```

例 11.4 的代码段中没有任何语法错误，也就是说编译不会报错，但是程序执行后会报错。这是因为 ArrayList 集合对象 stuName 添加了两个字符串对象后，还添加了一个整型元素，当使用 foreach 循环遍历元素时，会出现类型异常，如图 11-6 所示。

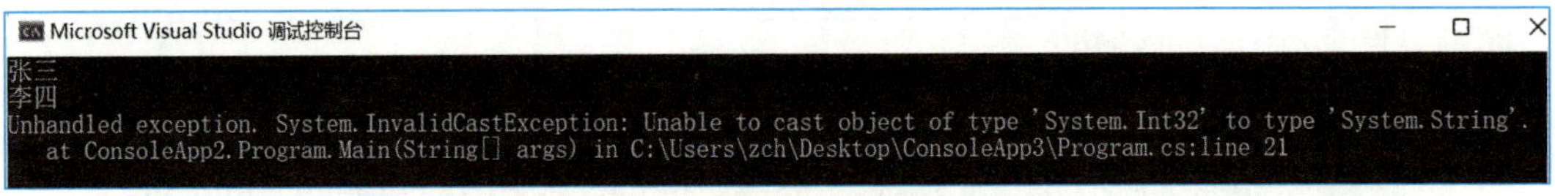

图 11-6　类型异常错误

只要是继承自 System.Object 的任何对象都可以存储在 ArrayList 中，而实际应用中往往是向集合中存放某种特定类型的数据。例如，定义了学生类 Student，现在要把某班级的所有学生添加到一个 ArrayList 中，但是在添加的过程中也可以把其他类型的对象添加进去，因为所有类型的对象都是继承自 System.Object 类型，所以编译器不会报错。那么，有什么办法可以让编译器知道我们要放入集合的只是 Student 类型吗？这就要用到泛型集合了。

泛型集合明确指定了要放入集合的对象是何种类型的集合。使用泛型集合时，编译器会在编译期间检查要放入集合的对象的数据类型，如果发现不是某种特定的类型就会报错，这样就可以避免发生许多运行时错误，这是泛型集合的一大优点——类型安全。泛型集合的另一个优点是可以提高性能，因为明确了数据类型，所以在存取数据时不会发生类型转换，特别是存取值类型时不会发生装箱和拆箱操作。

11.4.1　System.Collections.Generic 命名空间

前面介绍的 ArrayList 和 HashTable 都属于 System.Collections 命名空间，但泛型集合类则属于 System.Collections.Generic 命名空间。

表 11-5 列出了 System.Collections.Generic 命名空间下的泛型集合类。

表 11-5　常用的泛型集合类

泛型集合类	描述
List<T>	一般用于替代 ArrayList 类，与 ArrayList 很相似
Dictionary<TKey,TValue>	存储键值对的集合泛型类
SortedList<TKey,TValue>	类似于 Dictionary<TKey,TValue>，但按键自动排序
LinkedList<T>	双向链表
Queue<T>	先进先出的队列类
Stack<T>	后进先出的堆栈类

C#语言中没有 ArrayList<T>和 HashTable<TKey,TValue>这两个泛型集合类，而是用 List<T>和 Dictionary<TKey,TValue>类代替。

11.4.2　List<T>类

使用下列语法来创建 List<T>类的新实例。

```
泛型集合类<数据类型> 实例名 = new 泛型集合类<数据类型>();
```

例如：

```
List<int>  listint = new List<int>();
List<string>  liststr = new List<string>();
List<Student>  liststu = new List<Student>();
```

例 11.5 定义了一个学生类，并使用 List<T>类来操作多个学生。

例 11.5

```
using System;
using System.Collections.Generic;
using System.Text;

namespace ListGenericTest
{
    class Program
    {
        static void Main(string[] args)
        {
            List<Student> lststu = new List<Student>();
            Student stu1 = new Student("张微",1);
            Student stu2 = new Student("叶子", 2);
            Student stu3 = new Student("姚岚", 3);
            Student stu4 = new Student("刘琴", 4);
            lststu.Add(stu1);
            lststu.Add(stu2);
            lststu.Add(stu3);
            lststu.Add(stu4);
```

```
            //lststu.Add("abcd"); 该行代码编译通不过
            foreach(Student stu in lststu)
            {
                Console.WriteLine(stu);
            }
        }
    }
    class Student
    {
        private string name; //学生姓名
        private int id; //学号

        public Student(string stuname,int stuid)
        {
            this.name = stuname;
            this.id = stuid;
        }

        public string Name
        {
            get
            {
                return name;
            }
            set
            {
                this.name = value;
            }
        }

        public int Id
        {
            get
            {
                return id;
            }
        }

        public override string ToString()
        {
            return  "姓名:" + name+", 学号:" + id ;
        }
    }
}
```

变量 lststu 声明成 List<Student>类型，表明只能在 lststu 中添加 Student 类的对象，如果将 Main 方法中注释掉的那行代码取消注释，则编译时将报“参数 1：无法从 string 转换为 ListGenericTest.Student”的错误。程序初始化 4 个 Student 对象并把它们添加到 lststu 中，最后用迭代器遍历输出每个学生的信息，输出结果如图 11-7 所示。

Microsoft Visual Studio 调试控制台
姓名：张微，学号：1
姓名：叶子，学号：2
姓名：姚岚，学号：3
姓名：刘琴，学号：4

图 11-7　例 11.5 的运行结果

在 List<T>类中，不仅可以添加和访问元素、插入和删除元素、清空集合、把元素复制到数组中，还可以进行搜索和转换元素、使元素逆序等高级操作。

List<T>类的 ForEach 方法可以使用委托对集合的每一个成员进行操作，所以可以将代码中的 foreach 循环使用下列代码替换。

```
lststu.ForEach(delegate(Student s) {Console.WriteLine(s);});
```

程序的运行结果不变。

List<T>类的 FindAll 方法用于检索与指定谓词（谓词就是返回 true 或 false 的方法）所定义的条件相匹配的所有元素。如果找到，则返回一个包含与指定谓词所定义的条件相匹配的所有元素构成的 List<T>，否则为一个空 List<T>。将 Main 方法中的 foreach 循环改成下列代码。

```
List<Student> ls = lststu.FindAll(delegate(Student s){
        if(s.Id<3)
        {
            return true;
        }
        else
        {
            return false;
        }
    });
Console.WriteLine("学号小于 3 的学生如下:");
ls.ForEach(delegate(Student s) {Console.WriteLine(s);});
```

上述代码的运行结果如图 11-8 所示。

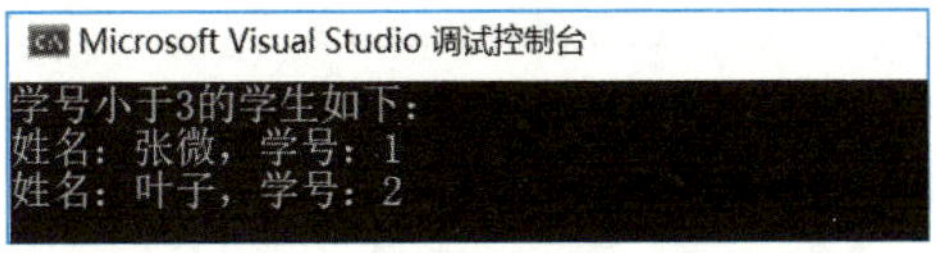
Microsoft Visual Studio 调试控制台
学号小于3的学生如下：
姓名：张微，学号：1
姓名：叶子，学号：2

图 11-8　程序的运行结果 1

11.4.3 Dictionary<TKey,TValue>类

创建泛型 Dictionary<TKey,TValue>类的实例的语法格式如下。

```
    Dictionary<数据类型, 数据类型> 实例名 = new Dictionary <数据类型, 数据类
型>() ;
```

Dictionary<TKey,TValue>类的功能与 HashTable 类相似，也是通过键值对来存储元素的。其中，TKey 表示键的数据类型，TValue 表示值的数据类型。

例如：

```
    Dictionary<int,string>  dicname = new Dictionary <int,string>();
    Dictionary<string,string>  dicstr = new Dictionary <string,string>();
    Dictionary<string,Student>  dicstu = new Dictionary <string,Student>();
```

例 11.6 演示了 Dictionary<TKey,TValue>类的用法。

例 11.6

```
    using System;
    using System.Collections.Generic;
    using System.Linq;
    using System.Text;
    using System.Collections;

    namespace Demo
    {
        class Program
        {
            static void Main(string[] args)
            {
                Dictionary<string,Student> dicstu = new Dictionary<string,
Student>();
                //实例化 4 个学生类对象
                Student stu1 = new Student("张微", 1);
                Student stu2 = new Student("叶子", 2);
                Student stu3 = new Student("姚岚", 3);
                Student stu4 = new Student("刘琴", 4);
                //将 4 个学生类对象添加到泛型集合类中
                dicstu.Add(stu1.Name,stu1);
                dicstu.Add(stu2.Name,stu2);
                dicstu.Add(stu3.Name,stu3);
                dicstu.Add(stu4.Name,stu4);

                foreach(string  name in dicstu.Keys)
                {
```

```
                Console.WriteLine(dicstu[name].ToString());
            }
        }
    }

    class Student
    {
        private string name; //学生姓名
        private int id; //学号

        public Student(string stuname, int stuid)
        {
            this.name = stuname;
            this.id = stuid;
        }

        public string Name
        {
            get
            {
                return name;
            }
            set
            {
                this.name = value;
            }
        }

        public int Id
        {
            get
            {
                return id;
            }
        }

        public override string ToString()
        {
            return "姓名:" + name + ",学号:" + id;
        }
    }
}
```

对象 dicstu 声明成 Dictionary<string,Student>类型，说明 dicstu 只能添加 string 类型的键，Student 类的对象作为值。最后通过遍历 Dictionary<string,Student>对象的键来访问 Student 类的对象，输出结果如图 11-9 所示。

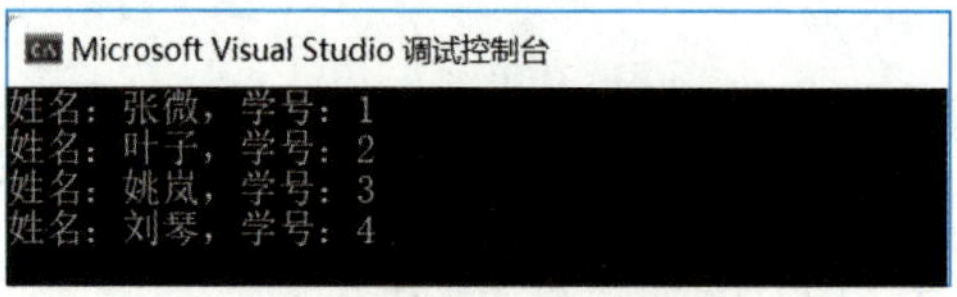
Microsoft Visual Studio 调试控制台
姓名：张微，学号：1
姓名：叶子，学号：2
姓名：姚岚，学号：3
姓名：刘琴，学号：4

图 11-9　例 11.6 的运行结果

泛型是.NET Framework 2.0 开始引入的新增特性，但泛型的使用范围不仅仅是泛型集合，还包括泛型类、泛型接口、泛型委托等。有兴趣的读者可以参阅相关参考书，以对泛型有一个全面的了解。

11.4.4　对象与集合初始化器

集合初始化器用来初始化一个集合，它由一系列元素组成，并封闭于“{”和“}”标记内。例 11.7 就使用集合初始化器初始化了 Student 类型的泛型列表。

例 11.7

```
class Student
{
    public int SId
    {
        get;
        set;
    }
    public string SName
    {
        get;
        set;
    }
}
class Program
{
    static void Main(string[] args)
    {
        //对象初始化器
        Student s1 = new Student{SId = 101, SName = "张三"};
        Student s2 = new Student{SId = 102, SName = "李四"};
        //集合初始化器
        List<Student> lstStu = new List<Student> {s1, s2};
        foreach(Student s in lstStu)
        {
```

```
                Console.WriteLine("学号" + s.SId + ", 姓名: " + s.SName);
            }
        }
    }
```

上述代码的运行结果如图 11-10 所示。

Microsoft Visual Studio 调试控制台
学号101，姓名：张三
学号102，姓名：李四

图 11-10　例 11.7 的运行结果

11.5 Lambda 表达式与语句

11.5.1　Lambda 表达式

Lambda 表达式是一个匿名函数，它可以包含表达式和语句，并且可以用于创建委托或表达式目录树类型。Lambda 表达式由输入参数（如果存在）、Lambda 运算符（=>）和表达式（或语句块）构成。Lambda 表达式的语法格式如下。

```
(input parameters) => expression
```

其中，input parameters 表示输入参数，expression 表示表达式。输入参数（如果存在）位于 Lambda 运算符的左侧，表达式或语句块位于 Lambda 运算符的右侧，Lambda 运算符（=>）读作 goes to。下面的代码表示使用 Lambda 表达式计算两个数的积。

```
x => x * x;
```

下面介绍 Lambda 表达式的输入参数。

输入参数的数量可以为空、1 个或多个。当输入参数为空时，Lambda 表达式左侧的括号不能省略。下面的代码表示使用 Lambda 表达式输出字符串“这是一个 Lambda 表达式。”，该 Lambda 表达式的参数为空。

```
() => Console.WriteLine("这是一个 Lambda 表达式。");
```

如果 Lambda 表达式的输入参数的数量为 1，则输入参数的括号可以省略。下面的代码表示使用 Lambda 表达式计算参数的积。其中，第一个 Lambda 表达式的输入参数没有使用括号，第二个 Lambda 表达式的输入参数使用了括号，它们在功能上是等价的。

```
x => x * x;
(x) => x * x;
```

如果 Lambda 表达式的输入参数的数量大于 1，则输入参数的括号是必需的，且参数之间使用逗号（,）分隔。下面的代码表示使用 Lambda 表达式计算两个参数的积。

```
(x, y) => x * y;
```

11.5.2　Lambda 语句

Lambda 表达式的右侧不但可以是一个表达式，还可以是语句块。Lambda 语句与 Lambda 表达式类似，只是语句括在大括号中。此时，Lambda 表达式的基本语法格式如下。

```
(input parameters) => {statement;};
```

其中，input parameters 表示输入参数，statement 表示语句块，一般由多个语句或表达式组成。下面的代码表示使用 Lambda 表达式计算两个数的积。

```
(x, y) => {int result = x * y; Console.WriteLine(result.ToString()); };
```

小贴士

Lambda 表达式的语句块必须放在“{”和“}”之间。

11.5.3　带有标准查询运算符的 Lambda 表达式

Lambda 表达式最常见的用法就是查询。Func<(Of<(T, TResult>)>)委托使用类型参数来定义输入参数的数量和类型，以及委托的返回类型。

参数类型为 Expression<Func>时，也可以提供 Lambda 表达式，下面的代码表示在扩展方法 Count 中使用 Lambda 表达式查询元素。

```
static void Main(string[] args)
{
    int[] numbers = {5, 4, 1, 3, 9, 8, 6, 7, 2, 0};
    int oddNumbers = numbers.Count(n => n % 2 == 1);
    Console.WriteLine("数组 numbers 中的奇数个数："+oddNumbers);
}
```

上述代码的运行结果如图 11-11 所示。

Microsoft Visual Studio 调试控制台
数组numbers中的奇数个数：5

图 11-11　程序的运行结果 2

下面介绍 Lambda 表达式的转换。

由于 Lambda 表达式本身就是一个匿名函数，所以每一个 Lambda 表达式都可以转换为其相应的函数。例如，Lambda 表达式“x=>x*x;”可以转换为下列代码。

```
delegate int mul(int i);
mul myDelegate = x => x * x;
int result = myDelegate(10);    //result = 100
```

11.6 项目实战：编程实现员工信息存储、检索及顺序输出

11.6.1　存储并检索员工信息

任务描述

员工信息包括员工号（int）、员工姓名和薪水，将员工号作为键对象存储并检索员工信息。

任务分析

首先定义一个员工类 Employee，然后把员工号作为键对象、把员工对象作为值对象存放到一个哈希表中，再根据用户输入的员工号取出对应的值对象。

任务实施

1）新建一个名称为 HashtableTest 的控制台应用程序。

2）添加一个 Employee 类，代码如下。

```
class Employee
{
    private int empID;          //员工号
    private string empName;     //员工姓名
    private int empSalary;      //员工薪水

    public Employee(int id, string name, int salary)
    {
        this.empID = id;
        this.empName = name;
        this.empSalary = salary;
    }

    public override string ToString()
    {
        string empinfo = "员工号:" + this.empID + ", 姓名:"
            + this.empName + ", 薪水:" + this.empSalary;
        return empinfo;
```

```
        }
    }
```

3）为 Program 类引入 System.IO 命名空间。

4）修改 Main 方法，代码如下。

```
static void Main(string[] args)
{
    Hashtable ht = new Hashtable();
    ht.Add(1, new Employee(1,"乐星星",3000));
    ht.Add(4, new Employee(4, "吴雪", 2000));
    ht.Add(3, new Employee(3, "吴刚", 1500));
    ht.Add(2, new Employee(2, "陈晶", 3500));

    Console.Write("你要查找哪位员工的信息:");
    int number;
    try
    {
        number = int.Parse(Console.ReadLine());
    }
    catch(FormatException fe)
    {
        Console.Write("员工号必须是整数!请重新输入:");
        number = int.Parse(Console.ReadLine());
}

    if(ht.ContainsKey(number))
    {
        Employee emp = (Employee)ht[number]; //利用索引器获得键对应的值对象
        Console.WriteLine(emp.ToString());
    }
    else
    {
        Console.WriteLine("你输入的员工编号不存在! ");
    }
}
```

因为员工号是整数，所以用户在输入员工号时需要做必要的异常处理。用户输入员工号后还要判断这个员工号是否存在。如果不存在，则输出提示信息；如果存在，则利用索引器获取和员工号对应的员工对象并输出该对象。

5）按 Ctrl+F5 组合键运行代码，运行结果如图 11-12 所示。

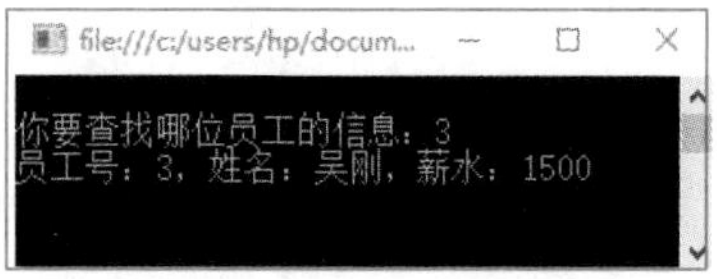

图 11-12　程序的运行结果 3

11.6.2　按员工号顺序排列并输出

任务描述

修改 11.6.1 节中的任务，使结果可以按员工号从小到大排序并输出。

任务分析

HashTable 类没有提供排序的方法，不能直接实现按键对象排序。但 ArrayList 类有排序的方法，可以把所有的键对象存放到一个 ArrayList 中，排序完成再从中依次取出每一个键对象并输出对应的员工对象。

任务实施

1）直接修改 11.6.1 节中的 Main 方法，代码如下。

```
static void Main(string[] args)
{
    Hashtable ht = new Hashtable();
    ht.Add(1, new Employee(1,"乐星星",3000));
    ht.Add(4, new Employee(4, "吴雪", 2000));
    ht.Add(3, new Employee(3, "吴刚", 1500));
    ht.Add(2, new Employee(2, "陈晶", 3500));
    //把 ht 的键对象全部复制到一个 ArrayList 中
    ArrayList al = new ArrayList(ht.Keys);
    al.Sort();

    //排序完成后输出
    for(int i = 0; i < al.Count; i++)
    {
        object e = al[i];
        Employee temp = (Employee)ht[e];
        Console.WriteLine(temp);
    }
}
```

在上述代码中，ht.Keys 返回 ht 中所有的键对象构成的集合，把该集合传递给 ArrayList 的构造方法，则得到一个包含所有键对象的动态数组，调用 Sort 方法把所有的键对象从小到大排序。从排完序的 ArrayList 中依次取出每一个对象，再在 ht 中取出对应的员工对象并输出该对象。

2）上述代码的运行结果如图 11-13 所示。

图 11-13　程序的运行结果 4

项 目 自 测

一、选择题

1．构建数组后，可以使用（　　）方法将值插入数组中。

A．GetValue　　B．SetValue　　C．ValueSet　　D. AddValue

2．可以使用（　　）方法反转数组中的元素。

A．Flip　　B．Rotate　　C．Convert　　D．Reverse

3．用户通过（　　）类将数据作为一组键值对来存储，这些值数据是根据键来组织的。

A．ArrayList　　B．Array　　C．HashTable　　D．List<T>

4．下列泛型集合声明正确的是（　　）。

A．List<int> f = new List<int>();　　B．List<int> f = new List();

C．List f = new List();　　D．List<int> f = new List<int> ;

5．下列关于泛型集合 List<T>的说法中，错误的是（　　）。

A．List<T>在获取元素时需要进行类型转换

B．List<T>通过索引访问集合中的元素

C．List<T>可以根据索引删除元素，还可以根据元素名称删除元素

D．定义 List<T>对象时需要实例化

二、编程题

ATM 管理系统中需要根据账号查询用户信息，要求使用 HashTable 存储用户信息，输入账号查询对应的用户信息。

【参考代码】

1）新建一个名称为 Users 的用户类，添加如下代码。

```
class Users
{
    private int userID; //用户账号
    private string userName;  //用户姓名
    private int userBalance;  //账户余额
```

```
        public Users(int id, string name, int balance)
        {
            this.userID = id;
            this.userName = name;
            this.userBalance = balance;
        }

        public override string ToString()
        {
            string userinfo = "账号: " + userID + ", 姓名: " + this.userName + ",
账户余额: " + this.userBalance;
            return userinfo;
        }
    }
```

2）新建一个名称为 HashtableExercises 的控制台应用程序，修改 Main 方法，代码如下。

```
    static void Main(string[] args)
    {
        Hashtable ht = new Hashtable();
        ht.Add(1, new Users(1001, "刘超", 1500));
        ht.Add(2, new Users(1002, "吴雪", 3000));
        ht.Add(3, new Users(1003, "赵刚", 5000));
        ht.Add(4, new Users(1004, "王晶", 6000));

        Console.Write("请输入你要查找的用户账号: ");
        int number;
        try
        {
            number = int.Parse(Console.ReadLine());
        }
        catch(FormatException fe)
        {
            Console.Write("账号必须是整数! 请重新输入: ");
            number = int.Parse(Console.ReadLine());
    }

        if(ht.ContainsKey(number))//通过账号判断这个用户是否存在
        {
            Users use = (Users)ht[number]; //通过索引器获得键对应的用户对象
            Console.WriteLine(use.ToString());
        }
        else
        {
```

```
            Console.WriteLine("你输入的账号不存在！");
        }
    }
```

由于账号是一串数字，此项目仅模拟 ATM 管理系统的部分功能，所以在用户类中的账号可使用整数类型进行存储，并需要做必要的异常处理。

项目 12 ATM系统调试与异常处理

项目导读

在开发应用程序的过程中往往要不断地修改代码才能实现预定的功能，这个修改的过程就是调试。而有些问题如输入了不合法的数据等是可以预见但不一定会发生的，处理这种有可能出现的问题的方法就是使用异常处理。本项目将详细讨论如何对C#语言中的应用程序进行调试，以及如何进行异常处理。

学习目标

- 理解调试、异常的概念。
- 能调试应用程序并进行检测和处理异常。
- 能编程实现ATM系统友好的交互界面。
- 培养全局思维、辩证思维和以人为本的设计理念。

12.1 调　试

程序调试指的是在编写的程序实际投入运行前，用手动或编译程序等方法对源代码进行测试，修正语法错误和逻辑错误的过程。这是保证计算机信息系统正确性的必不可少的步骤。

Visual Studio 2022的集成开发环境带有调试工具，为程序员进行应用程序的开发和调试提供了极大的方便。

12.1.1 调试的必要性

以某大型购物中心的收银系统为例，该中心使用计算机处理其计费系统。此系统接收顾客所购所有商品的名称和价格、计算总额、减去折扣（如果有），然后输出最终的账单金额。假设在事务处理过程中，收银员的计算机屏幕显示一则错误消息，那么应用程序将终止。这时必须重新执行未完成的当前事务处理，还必须重新输入全部信息。但是，如果程序员已经预先编写代码对这种情况进行了处理，那么这种错误就不会发生，系统也不会崩溃。

必须去除所有已经发现的语法错误和逻辑错误，然后才能成功部署应用程序。而在将软件视为完全可靠之前，应该先对其进行测试。软件测试过程是软件开发过程中的一个重要组成部分。但是，尽管测试有助于确定输出结果的正确性，但它无法确定错误发生的确切位置，测试是对程序员认为正确的许多方面进行确认，直至程序员发现其中一项不正确的一个过程，而调试则是找出并改正这些不正确项的过程。

例如，程序员认为变量 x 的值在某一时间为 12，或认为在调用函数 AREA(number,5) 中接收到的参数 number 和 5 的值是正确的。程序员为此如何确认呢？答案是使用调试工具。调试工具虽然无法确定错误，但是对于确定错误发生的原因、位置及排除错误极为有用。

下面先对程序产生的错误进行分类。

1）语法错误。语法错误是编码过程中遇到的最明显的一类错误。程序员在编写代码的过程中不遵循语言规则时，就会产生语法错误。例如，C#语言要求程序员在每行代码的末尾加上分号，漏掉分号在编译的时候就通不过，这就被视为语法错误。

2）运行时错误。当应用程序试图执行无法实施的操作时，就会产生运行时错误。此类错误发生在运行时。例如，在程序的运行过程中使用一个变量作为除数，然而这时这个变量的值是 0，这种情况就会产生运行时错误。

3）逻辑错误。逻辑错误指语法是对的，程序也不会因为异常而终止，但不会显示所需的输出结果。例如，程序员错误地把加号写成减号，程序不会报告错误，但是得出的数字确实是错的。此类错误仅出现在运行时，通常是由于程序员的观念本身不正确造成的，也是最难发现的程序错误。检测此类错误的唯一方式是使用一些工具来测试应用程序，以确保其提供的输出为预期结果。

表 12-1 列出了各类错误之间的区别。

表 12-1　各类错误之间的区别

错误类型	语法错误	运行时错误	逻辑错误
错误原因不同	C#语句的语法错误、缺少括号、拼写错误等	内存泄漏、使用 0 作为除数、安全异常等	计算公式错误、算法错误等
错误表现不同	在编译时确定	在程序运行时确定	根据结果确定
修正错误难度不同	易于确定和更正	难以调试，因为此类错误仅在运行时出现	难以调试，因为此类错误只能根据结果来推断

12.1.2　调试过程

很多程序员试图通过调用输出函数（如 Console.Write 等）来显示某种消息，以判断该点以前的代码是否被正确执行，从而达到隔离问题的目的。这些函数还可以用来跟踪和显示程序中某个变量的值。这是一种有效的调试技术。但麻烦的是，一旦找到并解决了问题，就必须从代码中删除所有这些输出函数的调用，这是一个相当烦琐的过程。

为了简化此过程，大多数编程语言和工具提供了调试器，以便程序员观察程序的运行时行为并跟踪变量的值，从而确定错误的位置。使用调试器的优点是，检查变量的值时不必插入任何输出语句来显示这些值。Visual Studio 2022 也提供了调试器，以便程序员调试使用.NET 支持的任意一种语言编写的代码。它为程序员提供了计算变量的值和编辑变量、挂起或暂停程序执行、查看寄存器的内容，以及查看应用程序所耗内存空间的工具等。

使用调试器时，可以在代码中插入“断点”，以便在特定行处暂停执行。断点告知调试器，程序进入中断模式，处于暂停状态。Visual Studio 2022 中的许多调试功能都只能在中断模式下调用。通过这些功能，程序员可以检查变量的值，如果需要，还可以更改变量的值，也可以检查其他数据。

在 Visual Studio 2022 中设置断点的步骤如下。

1）右击所需调试的代码行以设置断点，在弹出的快捷菜单中选择“断点”→“插入断点”选项，如图 12-1 所示。

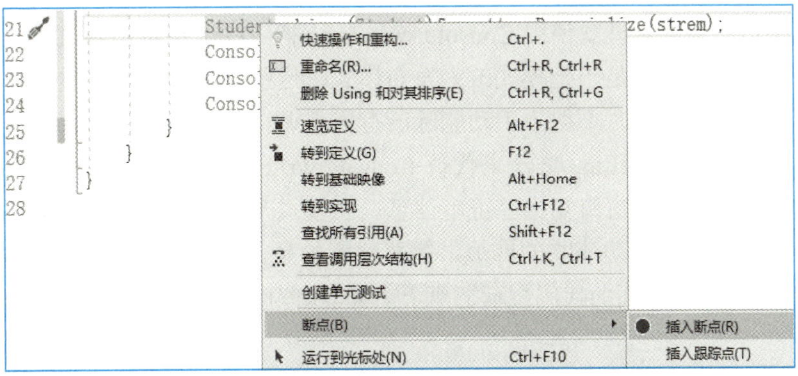

图 12-1　“断点”级联菜单

2）断点所在的代码行变为彩色，且整行均为高亮显示，如图 12-2 所示。

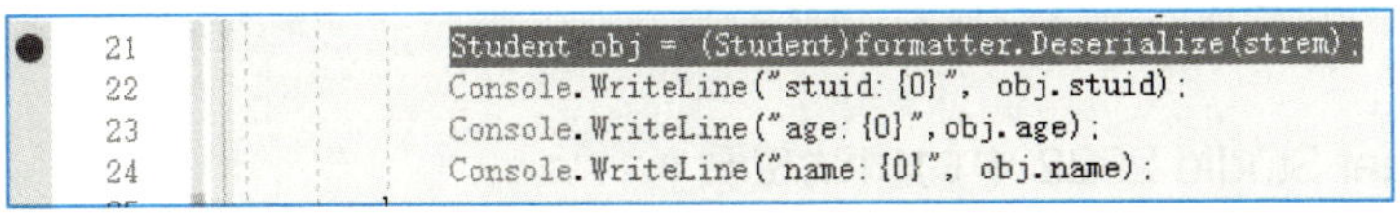
Student obj = (Student)formatter.Deserialize(strem);
Console.WriteLine("stuid: {0}", obj.stuid);
Console.WriteLine("age: {0}",obj.age);
Console.WriteLine("name: {0}", obj.name);

图 12-2　插入断点

小贴士

F9 键是插入断点的快捷键，再按一次 F9 键则插入的断点被取消。把鼠标指针放在要插入断点的代码行的左侧灰色位置，单击即可插入断点，取消插入的断点时再单击一次即可。

在不同的代码行设置的多个断点，如图 12-3 所示。遇到断点时，程序会在断点所在的代码行暂停。

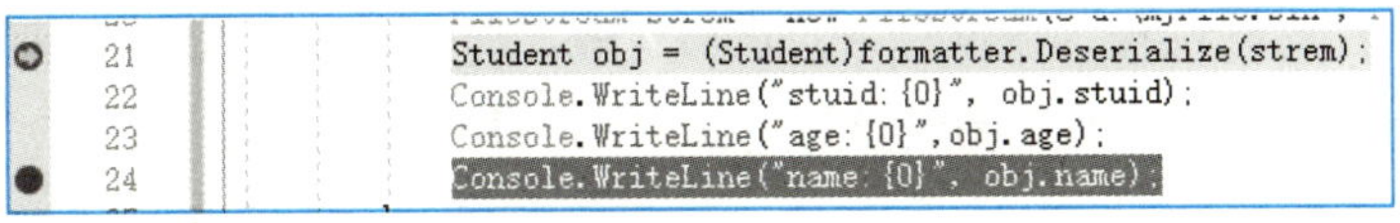

图 12-3　多个断点

控制权位于第一个断点，代码旁的黄色箭头和黄色高亮显示便可表明这一点。若要继续执行程序，则可选择“调试”→“继续”选项，也可以按 F5 键。如果设置有更多断点，则程序执行时将在每个断点处再次停止，选择“调试”→“继续”选项后将会继续执行。遇到断点时也可以按 F10 键进行单步执行，这时可以看到代码的执行顺序，还可以在下方的窗口中看到变量和对象的值。

Visual Studio 2022 可以用来生成应用程序的模式有两种：调试模式（Debug 模式）和发布模式（Release 模式）。调试模式可以用来重复编译应用程序和排除错误，直至能够成功运行。当应用程序调试完毕后，应该改成发布模式编译，然后发布。调试模式下编译的应用程序文件中包含了许多调试用的代码，而发布模式会自动去掉这些调试代码，所以一般发布模式的文件比调试模式的文件小。

很多程序员在调试时喜欢使用 Console.WriteLine 把一些信息输出到窗口，以此来查找程序发生错误的位置，但是当把模式改为发布模式时这些代码的作用依然存在，并且用户也会看到输出的信息，此时不得不手动删除所有用于调试而添加的代码。为了解决这个问题，可以使用 Debug.WriteLine 方法来代替 Console.WriteLine 方法。Debug.WriteLine 方法用于在调试模式下在输出窗口输出字符串信息。当模式改为发布模式时，这些代码将被编译器去掉，从而减少了手动清除的麻烦。需要注意的是，使用该方法时需要引入 System.Diagnostics 命名空间。下面的代码表示把两个字符串作为参数传递给 Debug.WriteLine 方法。

```
int i = 100;
Debug.WriteLine("" + i, "变量 i 的值为:");
```

上述代码的运行结果如下。

```
变量 i 的值为:100
```

12.1.3 Visual Studio 2022 中的调试工具

Visual Studio 2022 调试器提供了多个窗口，用于监控程序的执行。其中，可在调试过程中使用的部分窗口包括局部变量窗口、监视窗口、即时窗口、快速监视窗口。这些窗口只有在调试工具栏处于激活状态时，即处于调试过程中，才可以使用。下面对这些窗口进行详细的介绍。

1. 局部变量窗口

局部变量窗口显示当前正在运行的方法中局部变量的值。当前作用控制权一旦转到类中的其他方法，系统就会在局部变量窗口中清楚地列出变量（如果超出作用域），并显示当前方法的变量。

调试应用程序时，选择“调试”→“窗口”→“局部变量”选项，即可显示局部变量窗口。Visual Studio 2022 中的局部变量窗口如图 12-4 所示。

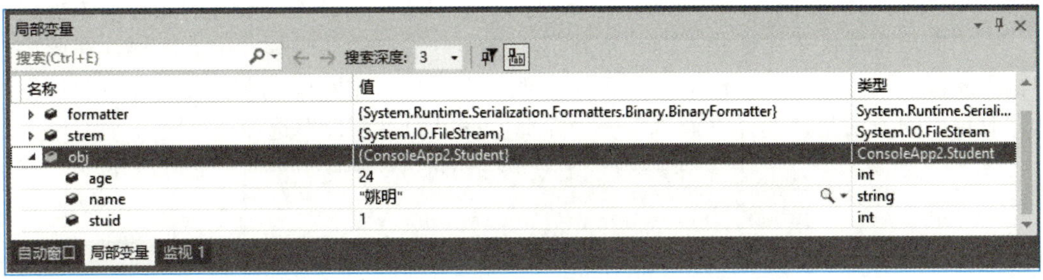

图 12-4　局部变量窗口

局部变量窗口中包含 3 列信息："名称"列显示变量的名称，"值"列显示变量的值，"类型"列显示变量的类型。当程序执行从一个方法转向另一个方法时，局部变量窗口中显示的变量也会改变，从而显示局部变量。可以为"值"列下的字符串和数值变量输入新值，当值被更改后，新值将显示为红色，程序将使用这个变量的新值。

小贴士

不能设置类或结构变量来引用该类或结构的其他实例。

2. 监视窗口

监视窗口用于计算变量和表达式的值，并通过程序跟踪它们的值，也可以编辑变量的值。与局部变量窗口不同，此窗口中要"监视"的变量应由程序员提供或指示。因此，可以指定不同方法中的变量。要同时检查多个表达式或变量时，可以同时打开多个监视窗口。Visual Studio 2022 中的监视窗口如图 12-5 所示，变量的名称应在窗口中指定。执行程序时，监视窗口会自动跟踪变量的值。如果被监视的变量作用域不在当前执行的方法内，则将会显示"标识符超出范围"的错误。

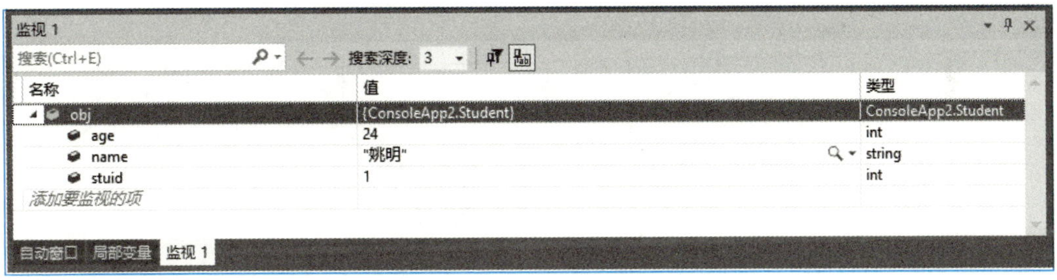

图 12-5　监视窗口

选择"调试"→"窗口"→"监视 1"窗口、"监视 2"窗口、"监视 3"窗口或"监视 4"窗口，即可显示相应的监视窗口。

3. 即时窗口

即时窗口的即时模式可用于检查变量的值、给变量赋值及运行一行代码，Visual Studio

2022 中的即时窗口如图 12-6 所示。若要查找变量的值，则必须在变量的名称前添加问号“？”。当应用程序处于中断模式时，值将显示在命令窗口的即时模式中。同样，在此窗口中输入赋值代码，然后按 Enter 键，即可更改变量的值。中断模式无法使用即时窗口。显示即时窗口的方法是，选择“调试”→“窗口”→“即时窗口”选项。

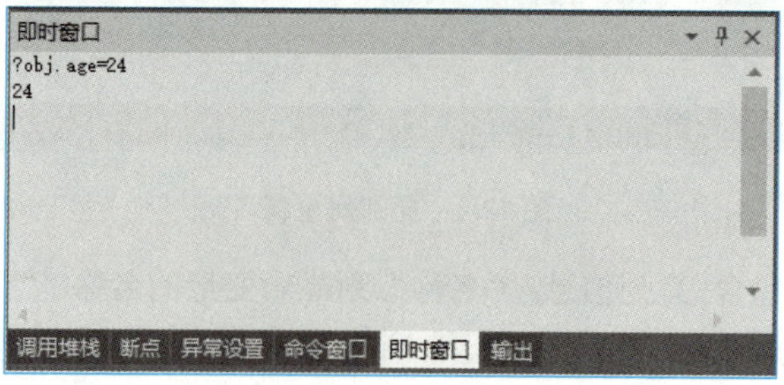

图 12-6　即时窗口

4. 快速监视窗口

快速监视窗口可用于快速计算变量或表达式的值，通过此窗口还可以修改变量的值，如图 12-7 所示，此窗口每次只能显示一个变量的值。此外，此窗口实际为模式窗口。也就是说，若要继续执行代码，则必须关闭此窗口。若要跟踪变量的值，则可以单击“添加监视”按钮，将变量添加到监视窗口中。右击变量，在弹出的快捷菜单中选择“快速监视”选项或在命令窗口中输入两个问号后按 Enter 键，即可显示快速监视窗口。

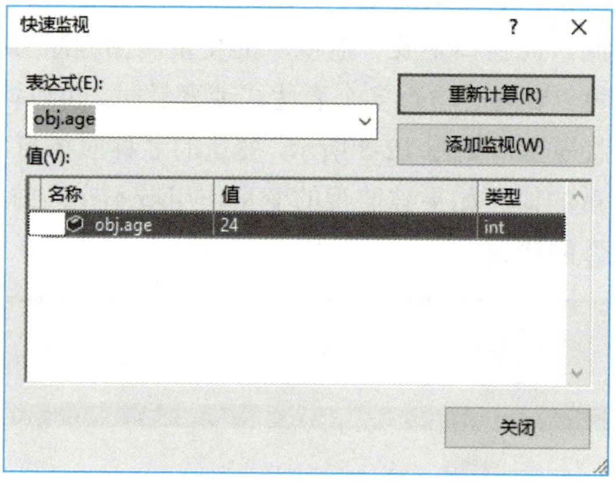

图 12-7　快速监视窗口

Visual Studio 2022 调试器的部分功能如下。

1）跨语言调试使用 VB.NET、VC++.NET、VC#.NET、Managed Extensions for C++、脚本和 SQL 编写的应用程序。

2）调试 Microsoft.NET 框架公共语言运行库编写的应用程序和 Windows 32 本机的应用程序。

3）加入正在主机或远程机器上运行的程序。

4）通过在单个 Visual Studio 解决方案中启动多个程序，或加入已经在运行的其他程序来调试多个程序。

12.2 异　常

某银行为顾客提供了网上银行支持，假设顾客张三要将其账户中的部分存款转到朋友李四的账户上。目前张三账户上的余额为 20000 元，但他试图将 25000 元转到李四的账户上。因为张三账户上的余额不足，所以程序出现故障并导致系统崩溃。又因为系统出现故障，所以其他顾客也无法使用该系统。

这表明该软件系统是一种性能比较差而且不够稳固的系统，它不能处理错误情况。将上述示例稍作修改：假设当张三将要转账的金额指定为 25000 元时，系统识别出该金额大于张三账户上的可用余额，于是立即显示出一则错误消息，指出转账金额应该小于或等于账户上的可用余额。这样，张三就明白其所犯的错误并进行相应的更正。这样程序就不会出现故障，系统也不会崩溃。

这是一个性能良好的程序示例。一个性能良好且稳健的程序应该允许异常情况发生、避免终止运行，这就要求程序员能够预知可能发生的特殊情况，并在程序中编码处理这些特殊情况——有时也称错误拦截，我们统一称为“异常处理”。

C#语言提供了大量捕捉和处理异常的方法，程序员需要在 C#语言应用程序的程序代码中编写异常处理代码。例如，当程序员遇到除以 0 或运行超出内存等异常情况时，就会引发异常，引发异常后，当前函数将停止执行，转而搜索异常处理程序。如果当前运行的函数不处理异常，则当前函数将终止，而调用函数将获得机会处理异常。如果没有任何函数处理异常，则 CLR 将调用自身的默认异常处理程序来处理异常，同时程序也将被终止。

12.2.1　System.Exception

.NET Framework 提供了存储有关异常信息的异常类，并提供了有关帮助。异常类继承关系的层次结构如图 12-8 所示。

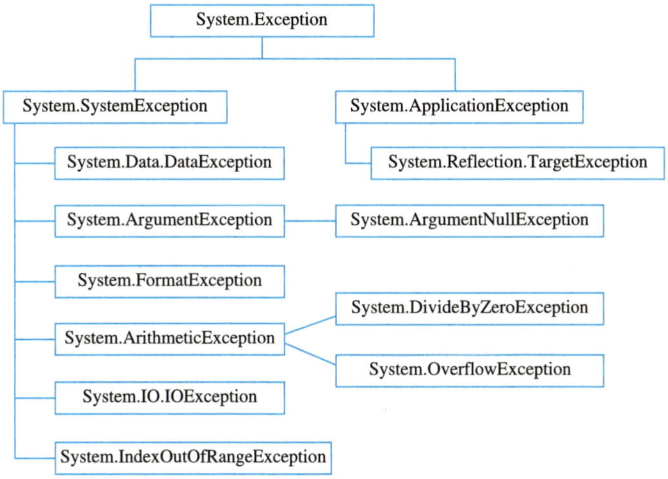

图 12-8　异常类继承关系的层次结构

Exception 类是所有异常的基类。当出现错误时，系统或当前运行的应用程序通过引发包含有关该错误信息的异常来报告错误。引发异常后，应用程序或默认异常处理程序将处理异常，表 12-2 解释了各种异常类。

表 12-2 各种异常类及其描述

Exception 类	描述
SystemException	提供系统异常和应用程序异常之间的区别
ArgumentException	向方法提供的任意一个参数无效时引发此异常
ArithmeticException	算术运算导致的异常
DataException	使用 ADO.NET 组件时生成错误引发此异常
FormatException	参数的格式不符合调用方法的参数规范时引发此异常
IOException	出现 IO 错误时引发此异常
IndexOutOfRangeException	数组上下标越界时引发此异常
ArgumentNullException	将空引用传递给参数时引发此异常
DivideByZeroException	除数为 0 异常
OverflowException	算术运算的结果超过指定类型的范围时引发此异常
ApplicationException	应用程序定义的异常
TargetException	试图调用无效目标时引发此异常

在组件的开发过程中，程序员常常需要引发新异常。如果组件中出现无法解决的状况，则最好向客户端应用程序引发一个异常，此种类型的异常称为自定义异常。

.NET Framework 并不能预定义所有的程序异常，程序员可以建立自定义异常来扩展异常的种类。自定义异常可以通过从 System.ApplicationException 类中继承来创建。用户程序引发 ApplicationException，该类将异常所需的所有功能封装起来，并能充当为组件定制的自定义异常的父类。System.Exception 类的部分属性及其描述如表 12-3 所示。

表 12-3 System.Exception 类的部分属性及其描述

属性	描述
Message	显示描述异常状况的文本
Source	包含导致应用程序发生异常的应用程序或对象的名称
StackTrace	提供在堆栈上所调用方法的详细信息，并首先显示最近调用的方法
InnerException	对内部异常的引用，如果此异常基于前一个异常，则内部异常指最初发生的异常，异常可以嵌套。也就是说，当某个过程发生异常时，它可以将另一个异常嵌套到自己所引发的异常中，并将两个异常都传递给应用程序。InnerException 属性提供对内部异常的访问

在 C#语言程序中，引发异常的方法有以下两种。

1）使用显式 throw 语句来引发异常。在此情况下，控制权将无条件转到处理异常的代码部分。

2）语句或表达式在执行过程中满足了激发某个异常的条件，使操作无法正常结束，从而引发异常。若要使用 C#语言程序代码来捕获这些异常，则必须使用一些特殊结构，即 try…catch…finally 块。

12.2.2 try 块和 catch 块

C#语言中的try块和catch块用来捕获和处理程序中引发的异常。为了理解try块和catch块的概念，这里以滤水器为例进行说明。滤水器是一种捕获水中杂质的设备，以便为用户提供纯净的水。滤水器中的过滤机制可以捕获到所有的杂质，一旦发现了水中存在的杂质，就立即过滤它。同样，在 try 块中编写可能出现异常的 C#代码，一旦这些代码出现问题，就立即传送到 catch 块中进行处理；如果不出现问题，则跳过 catch 块继续执行。使用 try 和 catch 块的语法格式如下。

```
try
{
    //程序代码
}
catch(异常类型 e)
{
    //错误处理代码
}
```

该语法说明异常处理代码和程序逻辑是相互分离的。程序逻辑在 try 块中编写，而异常处理代码在 catch 块中编写。

另外，还有一种特殊类型的 catch 块，它可以捕获大多数类型的异常，称为通用 catch 块。使用通用 catch 块的语法格式如下。

```
try
{
    //程序代码
}
catch(Exception e)
{
    //错误处理代码
}
```

12.2.3 使用 throw 引发异常

C#语言提供的 throw 语句可用于以程序方式引发异常，使用 throw 语句既可以引发系统异常，也可以引发由程序员创建的自定义异常。下面的代码演示了当用户输入的数字不在 1～100 范围内时，使用 throw 语句引发自定义异常 InvalidNumberInput：

```
if(UserInput < 1 && UserInput > 100)
{
    throw new InvalidNumberInput(UserInput + "不是有效输入(请输入 1～100 之
间的数字)");
}
```

引发系统异常的语法与此极为类似。唯一的差别就是需要指定将要引发的系统异常的名称，而非指定自定义异常（InvalidNumberInput）的名称。

12.2.4 finally 块

除 try…catch 块外，C#语言还提供了一个可选用的 finally 块。不管控制流如何，都会执行此块中的语句（如果已经指定）。也就是说，无论是否引发异常，都会执行 finally 块中的代码。如果已经引发了异常，则 finally 块中的代码将在 catch 块中的代码执行后执行；如果尚未引发异常，则将直接执行 finally 块中的代码。try…catch…finally 块的语法格式如下。

```
try
{
    //程序代码
}
catch
{
    //异常捕获代码
}
finally
{
    //finally 代码
}
```

在 finally 块中，不允许使用 return 或 goto 关键字。

12.2.5 多重 catch 块

catch 块用于捕获 try 块引发的异常，有时一个 try 块可能需要多个 catch 块，因为每个 catch 块只能有一个异常类。如果需要在 try 块中捕获多个异常，则程序必须具有多个 catch 块，这在 C#语言中是允许的。多重 catch 块的语法格式如下。

```
try
{
    //程序代码
}
catch(异常类型 1  e)
{
    //错误处理代码
}
catch(异常类型 2  e)
{
    //错误处理代码
}
```

一个 try 块可以有多个 catch 块，但是只能有一个通用 catch 块，并且通用 catch 块必须是最后一个 catch 块，否则将产生编译时错误。

12.2.6 自定义异常类

当程序员需要提供更为广泛的信息，或需要程序具有特殊功能时，就可以定义自定义异常。首先要创建一个自定义异常类，该类必须直接或间接派生自 System.ApplicationException。

下面的程序演示了如何创建名为 MyCustomException 的自定义异常。

```
//自定义异常类
class MyCustomException:ApplicationException
{
    public MyCustomException(string message):base(message)
    { }
}
//测试代码
try
{
    if(divisor == 0)  //divisor 代表除数
    {
        throw new MyCustomException("除数不能为 0!");
    }
}
catch(MyCustomException mye)
{
    Console.WriteLine(mye.Message);
}
```

MyCustomException 派生自 System.ApplicationException，由一个构造函数组成，该构造函数带有一条传递给基类的字符串消息。当除数的值为 0 时，就会调用新的异常，并输出相应的消息。

使用异常处理时要注意以下事项。

1）请勿将 try…catch 块置于控制流。

2）用户只能处理 catch 异常。

3）不得声明空 catch 块。

4）避免在 catch 块内嵌套 try…catch 块。

5）只有使用 finally 块才能从 try 语句中释放资源。

12.3 应用程序示例

下面的程序演示了自定义的异常。

1）新建一个名为 ApplicationExceptionTest 的控制台应用程序，设计效果如图 12-9 所示。

图 12-9　程序的运行结果

2）选择“项目”→“新建类”选项，新建一个类并命名为 EmailErrorException。该类的代码如下。

```
class EmailErrorException:ApplicationException
{
    public EmailErrorException(string message):base(message)
    {
    }
}
```

3）添加一个 SaveInfo 方法，该方法首先检查电子邮件的格式是否合法。如果不合法，则抛出 EmailErrorException 自定义异常。

4）当用户输入用户名和电子邮件后，调用 SaveInfo 方法，使用 try…catch 块捕获异常。完整代码如下。

```
using System;
using System.Collections.Generic;
using System.Linq;
using System.Text;

namespace ApplicationExceptionTest
{
    class Program
    {
        //保存信息的方法
        private static bool SaveInfo(string name, string email)
        {
            string[] subString = email.Split('@');
            //如果输入的 Email 不能被@分成两部分,则抛出异常
            if(subString.Length != 2)
            {
                throw new EmailErrorException("电子邮件@符错误!");
            }
            else
            {
                int index = subString[1].IndexOf('.');
                //@符分成的邮件地址的第二部分如果没有点号或点号是第一个字符,则抛
                //出异常
                if(index <= 0 || index == subString[1].Length - 1)
                {
                    throw new EmailErrorException("电子邮件点号错误!");
```

```
                }
            }
            //保存文件的代码在此省略
            return true;
        }
        static void Main(string[] args)
        {
            Console.Write("请输入姓名:");
            string name = Console.ReadLine();
            Console.Write("请输入 Email 地址:");
            string email = Console.ReadLine();
            if(name.Length == 0 || email.Length == 0)
            {
                Console.WriteLine("信息不完整，请输入姓名和 Email 地址!");
                return;
            }
            try
            {
                SaveInfo(name, email);
            }
            catch(EmailErrorException ex)
            {
                Console.WriteLine("格式错误，" + ex.Message);
                return;
            }
            Console.WriteLine("保存文件成功");
        }
    }
}
```

12.4 项目实战：编程实现 ATM 系统友好的交互界面

任务描述

编写一个程序，用于接收用户输入的两个 float 类型的值。一个值表示用户银行账户中的金额，另一个值表示用户想要从银行账户中提取的金额。创建自定义异常类，以确保提取的金额始终不大于当前余额。当引发异常时，程序应显示一则消息；否则，程序从账户中扣除取款额。

任务分析

该问题需要定义一个 Account 类，该类有一个 float 类型的变量 balance 表示余额，用于接收用户输入的账户余额。当用户提取金额大于账户余额时提示异常，如图 12-10 所示。

图 12-10　提示异常

任务实施

1）定义并添加 Account 类，代码如下。

```
class Account
{
    float balance; //账户余额
    public float Balance
    {
        get{return balance;}
        set{balance = value;}
    }
    public Account(float balance)
    {
        this.balance = balance;
    }
}
```

2）编写程序，代码如下。

```
class Program
{
    static void Main(string[] args)
    {
        Account account1 = new Account(1000);
        Console.WriteLine("取款前余额:" + account1.Balance);
        float drawMoney; //提取的金额
        Console.Write("请输入要提取的金额:");
        drawMoney = float.Parse(Console.ReadLine());
        try
        {
            if(drawMoney > account1.Balance)
```

```
            {
                throw new Exception("提取金额不能大于账户余额!");
            }
            else
            {
                account1.Balance = account1.Balance - drawMoney;
                //从余额中减去要提取的金额
                Console.WriteLine("取款后余额: " + account1.Balance);
            }
        }
        catch(Exception ex)
        {
            Console.WriteLine(ex.Message);
        }
    }
```

项 目 自 测

一、选择题

1．当应用程序无须重复编译即可发布时，通常使用（　　）模式。

A．调试　　B．发布　　C．安装　　D．生成

2．C#语句缺少括号、拼写错误，缺少括号等属于（　　）错误类型。

A．运行时　　B．语义　　C．语法　　D．常见

3．（　　）窗口用于监控当前程序中所有局部变量的值。

A．即时　　B．通用　　C．监视　　D．局部变量

4．所有 C#语言异常都派生自（　　）类。

A．Windows　　B．Exception

C．SystemException　　D．CommonException

5．程序员可使用（　　）语句以程序方式引发异常。

A．run　　B．try　　C．catch　　D．throw

二、编程题

1．某图书管理系统需要根据图书编号查询图书信息，要求使用 Dictionary<TKey, TValue>对象存储图书信息，并要求用户输入图书编号查询对应的图书，在查询时监视变量的值。

【提示】该问题需要在代码行设置断点，并监视变量的值，然后通过局部变量窗口或监视窗口查看或更改变量的值。另外，也可以使用即时窗口来检查任何变量的值。

【参考代码】

1）新建一个名称为 TryCatchTest1 的控制台应用程序。

2）添加一个 Book 类，添加代码，并设置断点（当鼠标指针位于断点所在的代码行时按 F9 键），如图 12-11 所示。

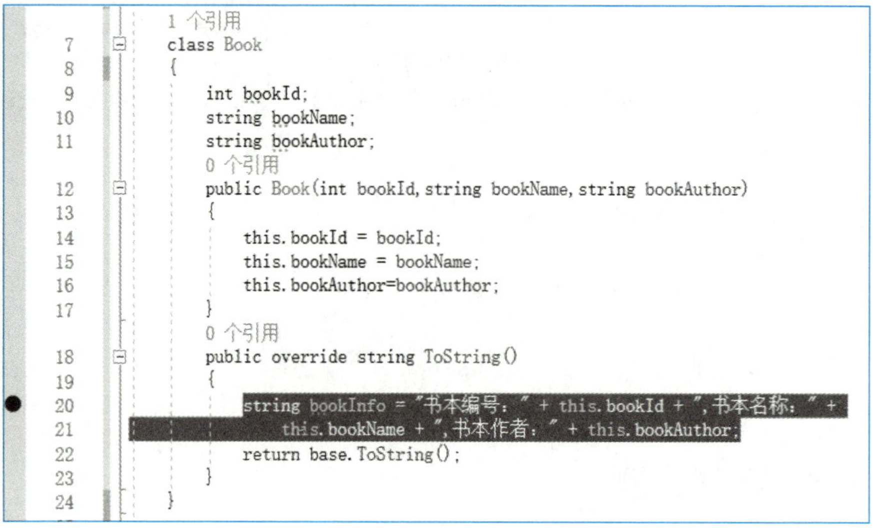

图 12-11　断点行

3）修改 Main 方法，代码如下。

```
class Program
{
    static void Main(string[] args)
    {
        Dictionary<int, Book> dicBook = new Dictionary<int, Book>();
        dicBook.Add(101, new Book(101, "Android技术内幕", "杨丰盛"));
        dicBook.Add(102, new Book(102, "C++编程思想", "袁兆山"));
        dicBook.Add(103, new Book(103, "HTML5高级程序设计", "李杰"));
        dicBook.Add(104, new Book(104, "C#与.NET 4高级程序设计:第5版",
"朱晔"));

        Console.Write("你要查找哪本书的信息:");
        int number;
        try
        {
            number = int.Parse(Console.ReadLine());
        }
        catch (FormatException fe)
        {
            Console.Write("书本编号必须是整数!请重新输入:");
            number = int.Parse(Console.ReadLine());
```

```
            }

            if(dicBook.ContainsKey(number))
            {
                Book book = (Book)dicBook[number]; //利用索引器获得键对应的值对象
                Console.WriteLine(book.ToString());
            }
            else
            {
                Console.WriteLine("你输入的图书编号不存在!");
            }
        }
    }
```

4）运行此应用程序，输入要查找的图书编号 101。焦点变为第一个断点后，程序将暂停执行。选择“调试”→“窗口”→“局部变量”选项，打开局部变量窗口，此窗口将显示当前位于程序作用域中的所有变量及它们的值。检查这些变量的值，如图 12-12 所示。

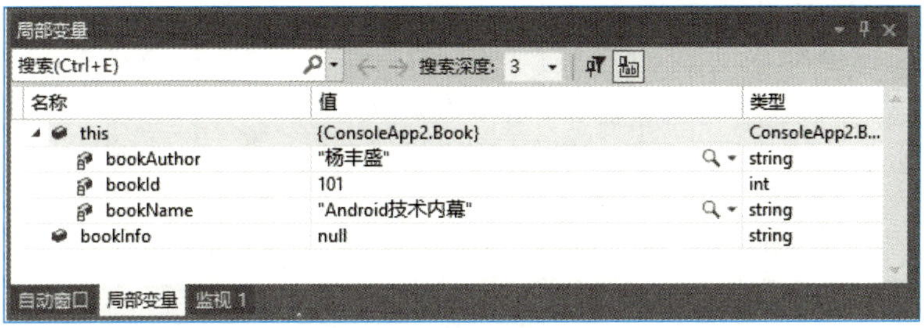

图 12-12　检查变量的值

用户可在“值”列中输入一个新值。

5）右击 ToString 方法中的 bookName 变量，在弹出的快捷菜单中选择“添加监视”选项。此时将显示监视窗口和 bookName 的当前值，如图 12-13 所示。可以看出，监视窗口只列出了已经设置为监视的变量，这与局部变量窗口显示作用域中的所有局部变量有所不同。当程序执行的当前作用域中存在很多变量，但只有少数变量需要跟踪时，监视窗口将十分有用。

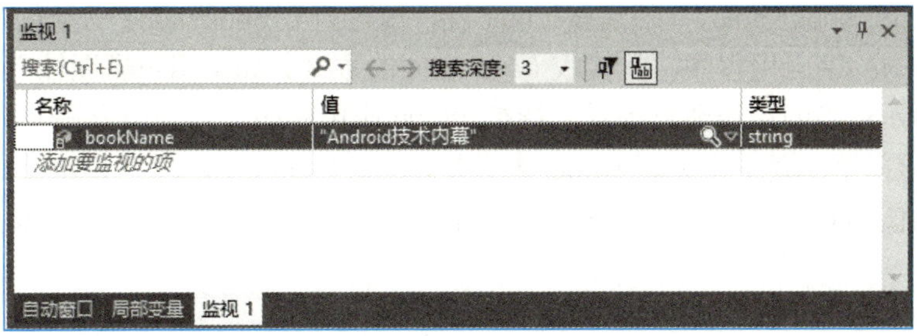

图 12-13　监视窗口和 bookName 的当前值

右击“值”列，在弹出的快捷菜单中选择“编辑值”选项，将值改为“C#技术内幕”。

6）选择“调试”→“窗口”→“即时”选项，以显示即时窗口。若要检查变量的值，则可使用语法“?变量”。例如，输入“?bookName”，即可检查变量 bookName 的值，如图 12-14 所示。

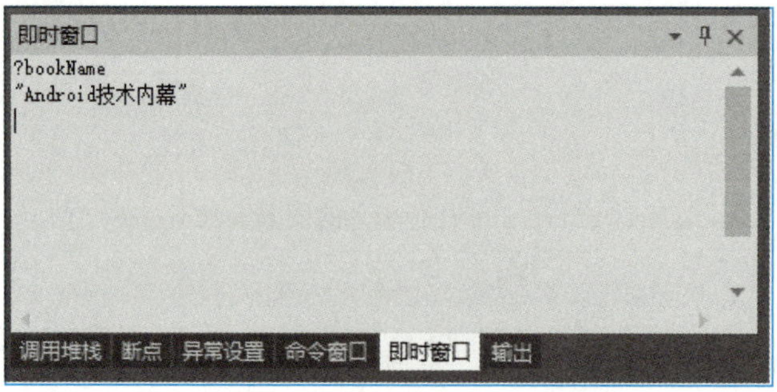

图 12-14 检查变量 bookName 的值

7）选择“调试”→“快速监视”选项，在打开的窗口中显示当前对象的值，如图 12-15 所示。

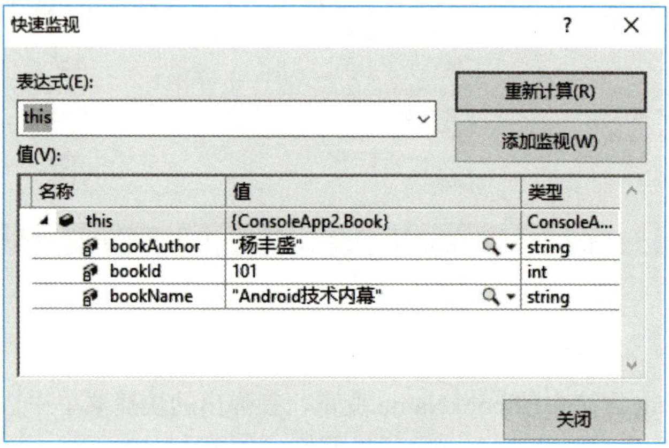

图 12-15 当前对象的值

快速监视窗口用于显示当前对象的值，关键字 this 代表当前的对象。如果要查看对象字段的属性值，则可在快速监视窗口中输入属性名，然后按 Enter 键。此时将显示该值。例如，输入“this.bookName”，然后按 Enter 键，即可查看 bookName 变量包含的值。

2．创建一个 C#应用程序，只接收 0～5 之间的数字。如果用户试图输入 0～5 以外的数字，则应显示适当的错误消息提示。持续运行此应用程序，直到用户输入数字-1 为止。

【提示】该问题需要一个无限 while 循环来持续运行此应用程序，直至用户输入-1。如果用户输入的值为 0～5 以外的数字，则可以使用 IndexOutOfRangeException 来处理异常。

```
catch(IndexOutOfRangeException e)
{
    Console.WriteLine("错误!应输入 1～5 之间的数!" + e.Message);
}
```

所有的一般异常均可使用 Exception 类来处理。

```
catch(Exception e)
{
    Console.WriteLine("未知错误:" + e.Message);
}
```

【参考代码】

1）创建一个名为 ExceptionExample 的基于控制台的应用程序。

2）在 Program.cs 中添加下列代码。

```
class Program
{
    static void Main(string[] args)
    {
        int userInput;
        //死循环
        while(true)
        {
            try
            {
                Console.WriteLine("请输入一个 1～5 之间的数字，输入-1 退出:");
                userInput = Convert.ToInt32(Console.ReadLine());
                //如果输入的是-1,则退出
                if(userInput == -1)
                {
                    break;
                }
                if(userInput < 1 || userInput > 5)
                {
                    throw  new  IndexOutOfRangeException(" 你 输 入 的 数 "  +
userInput + "越界!");
                }
                Console.WriteLine("你输入的数字为:" + userInput);
            }
            catch(IndexOutOfRangeException e)
            {
                Console.WriteLine("错误!应输入 1～5 之间的数!" + e.Message);
            }
            catch(Exception e)
            {
                Console.WriteLine("未知错误:" + e.Message);
            }
            finally
```

```
                {
                    Console.WriteLine("退出 try 语句!");
                }
            }
        }
    }
```

3）按 Ctrl+F5 组合键执行程序，运行结果如图 12-16 所示。

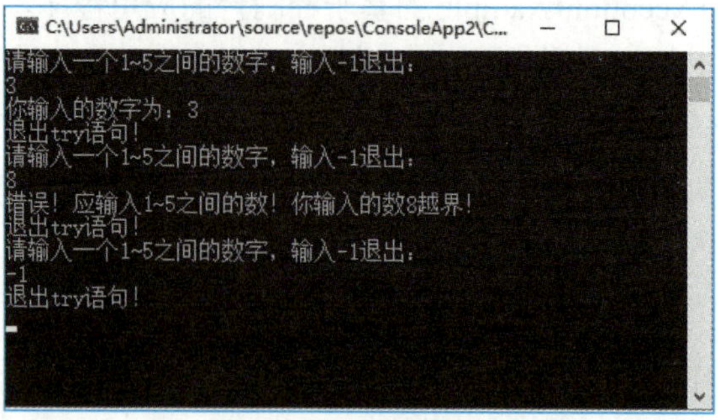

图 12-16　程序的运行结果

此代码的核心是 while 循环，该循环持续使用 Console.ReadLine 方法要求用户输入数字。如果用户输入-1，则退出程序。如果用户输入的数字不在 1～5 之间，则将引发 IndexOutOfRangeException 异常，而控制权将转到相应的 catch 语句块。假设用户输入一个字符值，则将捕获一般异常。无论异常是否引发，都会执行 finally 语句块。

参 考 文 献

何福男，汤晓燕，2020．C#程序设计项目化教程[M]．2 版．北京：电子工业出版社．

黑马程序员，2020．C#程序设计基础入门教程[M]．2 版．北京：人民邮电出版社．